U0056300

知道了更有趣的

微生物圖鑑

監修・東京理科大学教授 鈴木智順
插畫・WOODY

世界上充滿了微生物！
A子24歲 粉領族
唉～
今天也好累……整個人全身無力……可能是感冒了。
還是早點睡吧。
感覺手臂好癢……
抓抓
……這位小姐……妳得了流感，
銳利!!
建議妳趕快去醫院比較好喔。
嚇我一跳!!
沒關係啦，我還沒有不舒服到那種程度。
鏘鏘——
只要透過這副特殊的放大鏡看，妳就會明白了。
看吧!!
嘿嘿嘿
哇哈哈哈哈

呀啊啊啊!!
惡、惡鬼!?
得去找人驅魔才行！
這是流感病毒，
而妳感染上這種病毒了。
抱歉這麼晚才自我介紹。我是在東京理科大學從事微生物研究的鈴木智順。
啪啦!!
喔喔!!
可以請妳稍微把袖子捲起來嗎？
好的，這是可以看見微生物和病毒的放大鏡。
妳的手臂上也……
馬拉色菌也正在作怪呢。
你們好！
打擊好大！原來我最近皮膚癢是因為這樣啊……。
唔哇啊啊啊好可怕!!
這、這是什麼……
皮膚上怎麼會
有這種微生物？
人的身體裡居住著好幾百兆個微生物。
那麼多!?
說得更清楚一點，
…

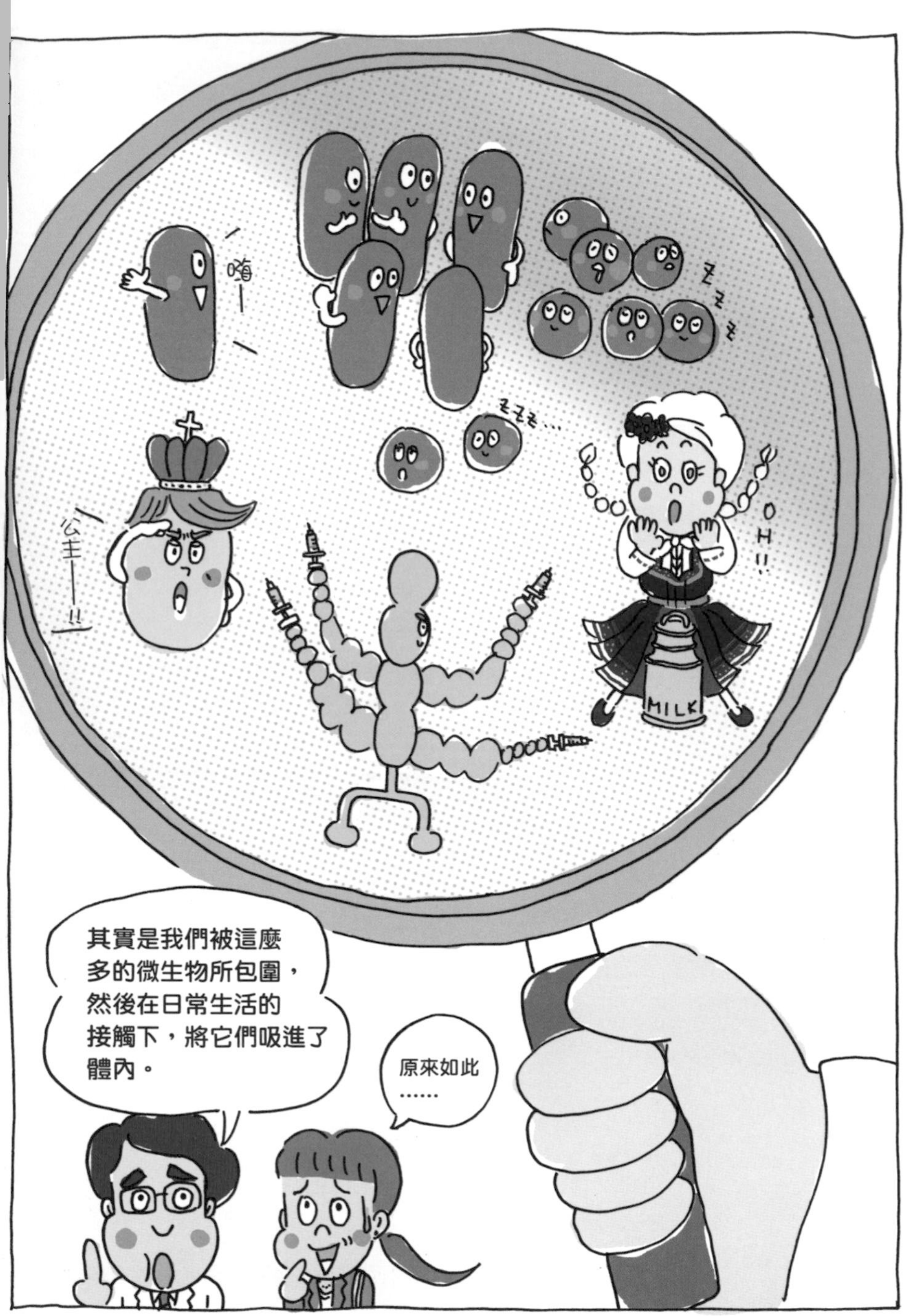
嗨——
公主——!!
OH!!
MILK
其實是我們被這麼多的微生物所包圍，然後在日常生活的接觸下，將它們吸進了體內。
原來如此……

這個圓滾滾的傢伙好可愛！
這是酵母，雖然人們常以為是用來製作「麵包和酒的菌」，但其實水果、蔬菜、空氣中到處都有它的存在。
這個細長的傢伙是什麼？
這是鏈黴菌，存在於全世界的土壤之中，是開發醫藥品所不可或缺的細菌。
微生物各具個性，真的好有趣！
眼睛
發亮
我還想知道更多！
在那之前，妳還是先去醫院……。
聽了有趣的微生物話題後，我整個精神都來了！
燃燒
什麼症狀都痊癒了!!
燃燒
轟隆隆
熊熊燃燒
流感病毒……有這麼容易就投降嗎??
我要回去了……
咦咦!!
我還想知道更多關於微生物的知識！

讓我們一窺超乎想像的微生物世界吧！

什麼是微生物？微生物有科學上的定義嗎？其實，只要是一生當中大部分的時間，都處於人類肉眼看不見的狀態的生物，就稱為微生物，完全沒有科學上的定義。

細菌的大小約為1 μm，憑人類的肉眼是看不見的，但是只要細菌持續分裂增生，不久就會形成肉眼可觀察到的菌落。可是，只要觀察細菌的一生就會發現，細菌製造菌落的時間非常短暫，因此細菌被稱為微生物。另外，蕈菇的大小雖然無疑可以用肉眼看見，然而蕈菇能夠被肉眼看見的時間也很短暫，其一生幾乎都是以細小到無法以肉眼辨識的菌絲狀態在生育。

我們人類雖然是由眼睛所看不見的精子和卵子結合成受精卵誕生，但是憑肉眼看不見的時間過於短暫，之後就以肉眼可視的大小度過一生了，因此並不是微生物。一如上述，微生物這個詞本身儘管有些曖昧不明，卻涵蓋了細菌、古細菌、真菌等擁有進化類群，也就是有明確科學定義的生物。

各位對於這些微生物抱持著何種印象呢？我想大家應該都有在學校學過，微生物是屍體和排泄物的分解者，因此，說不定會對微生物產生既無趣又不起眼的印象；另外，或許也會基於微生物是造成食物中毒和腐敗的原因，而懷有不好的印象。不過相反的，也可能因為微生物能夠製作出優格、乳酪、醬菜、納豆、日本酒、啤酒等發酵食品，於是產生了好印象。

在本書中，雖然也會出現許多形象一如既往的微生物，但也有許多可能會令各位完全意想不到的微生物。而事實上，無論對於地球環境還是人體，那些微生物都肩負著重要的功用。那究竟是什麼樣的微生物呢？來，就讓我們一窺微生物的世界吧!!

東京理科大學教授　**鈴木智順**

目錄

第1章 微生物的基本

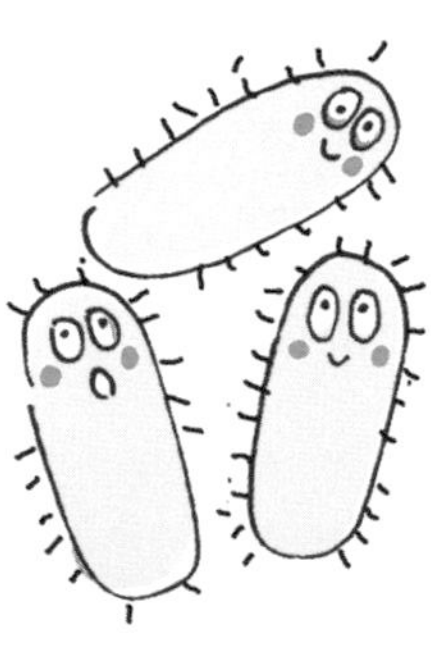

第2章 無所不在的微生物

第3章

不想遇見的微生物

第4章 美味的微生物

第5章 與環境相關的微生物

第6章 支撐醫療的微生物

第7章 微生物界的希望們

STAFF

設計　加賀見祥子
插畫　WOODY
編輯　木內涉太郎、田山康一郎（KWC）
編輯協力　田中仰、寺井麻衣

本書的閱讀方式

本書會將細菌、古細菌、真菌、病毒的特徵繪製成插圖。
以下就介紹從P.30開始的微生物刊載頁面的閱讀方式。

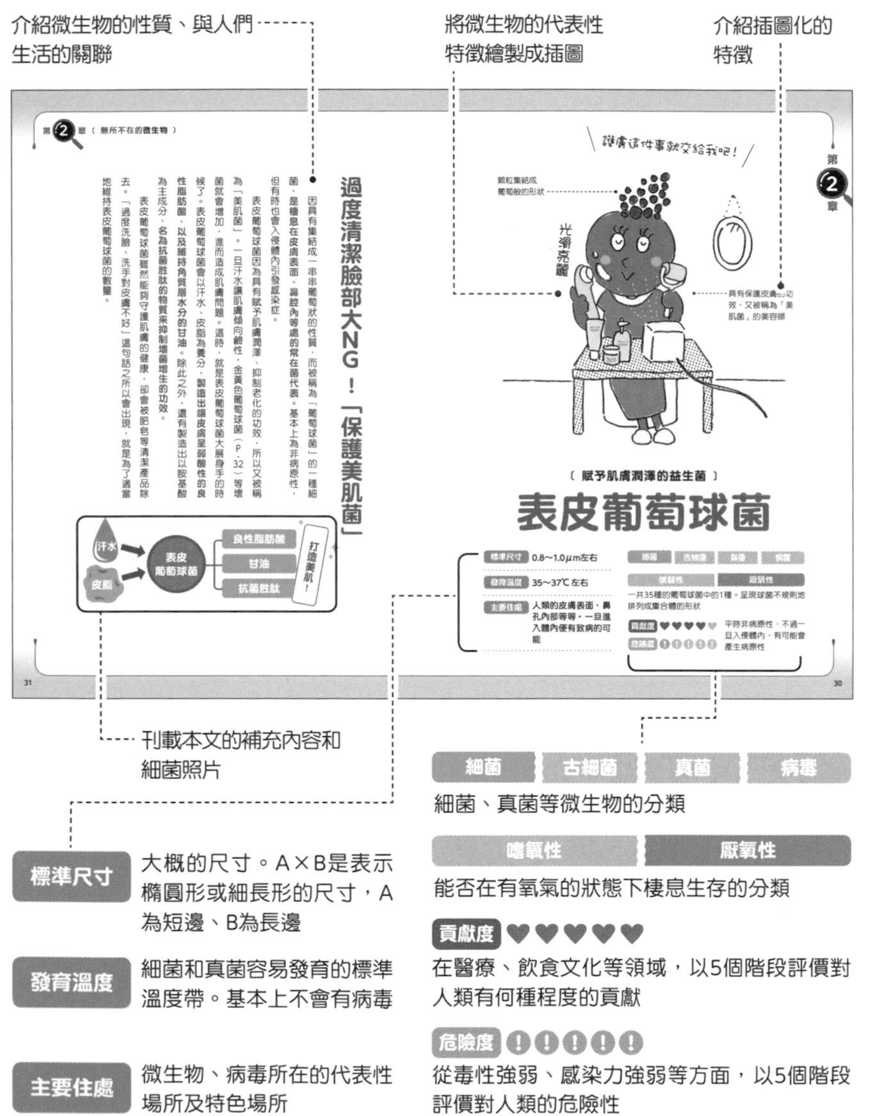

介紹微生物的性質、與人們生活的關聯

將微生物的代表性特徵繪製成插圖

介紹插圖化的特徵

刊載本文的補充內容和細菌照片

細菌 **古細菌** **真菌** **病毒**

細菌、真菌等微生物的分類

嗜氧性 **厭氧性**

能否在有氧氣的狀態下棲息生存的分類

標準尺寸 大概的尺寸。A×B是表示橢圓形或細長形的尺寸，A為短邊、B為長邊

貢獻度 ♥♥♥♥♥

在醫療、飲食文化等領域，以5個階段評價對人類有何種程度的貢獻

發育溫度 細菌和真菌容易發育的標準溫度帶。基本上不會有病毒

危險度 ❗❗❗❗❗

從毒性強弱、感染力強弱等方面，以5個階段評價對人類的危險性

主要住處 微生物、病毒所在的代表性場所及特色場所

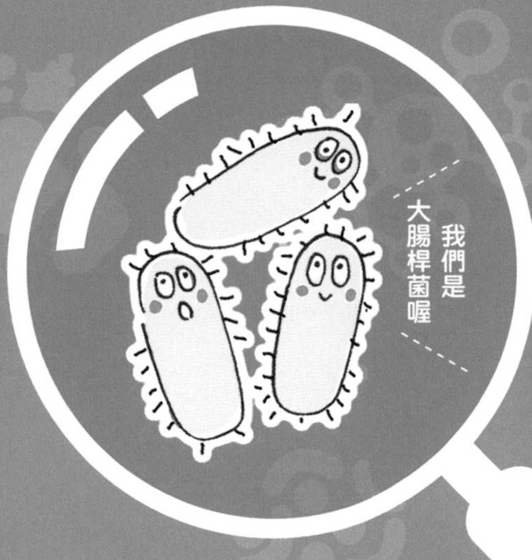

第1章 微生物的基本

首先會從微生物是何種生物開始介紹。
細菌、真菌、病毒的特徵及差異等等，
以下將快速解說一開始應該瞭解的基本內容。

第1章

微生物的基礎知識① 尺寸

看不見但依舊存在！微生物是小小世界的居民

地球上，除了我們肉眼所能見到的動植物的世界外，其實還存在著非常微小的「微生物世界」。比方說，只要用小湯匙舀一匙經過翻整的農田土壤，放在顯微鏡下觀察，應該可以發現裡面有將近100億個微生物。

不僅如此，像是混雜在空氣中的灰塵和塵埃裡的東西、棲息在人類皮膚和體內的東西、在大海和水池中悠游的東西等等，所有地方都存在著各式各樣的微生物。

這些微生物分成細菌、真菌、古細菌等種類，必須使用能夠看見比公釐更小的微米（μm）世界的光學顯微鏡才能觀察。

此外還有更微小的存在叫做病毒。病毒因為比微生物更小，**觀察時要使用能夠看見比微米更小的奈米（nm）世界的電子顯微鏡**。因此，微生物的世界堪稱是「近在身旁的神祕」。

微生物有多大？

	大小	種類
肉眼	— 1mm	水蚤（約1.5mm） 頭髮的粗度（約0.8mm） 草履蟲（約0.2mm）
光學顯微鏡	— 100μm（0.1mm）	從這邊開始是微生物的世界
	— 10μm（0.01mm）	紅血球（約7～8μm）
		真菌（3μm以上） 發酵後製成乳酪、酒的酵母和黴菌、蕈菇等等。造成足癬的白癬菌也在這一類 **蕈菇和黴菌同為真菌** 只要透過增生形成集合體（菌落），就會變得肉眼可見
	— 1μm（0.001mm）	
		細菌（0.5～5μm） 從前是以細胞的形狀、容易棲息的環境來分類，現在則是利用DNA來鑑定。有大腸桿菌、乳酸菌等等
電子顯微鏡	— 100nm（0.1μm）	**病毒**（20～300nm） 介於物質和生物之間的存在。不具備細胞，會入侵動物、植物等的細胞進行增生。有流感病毒等等
	— 10nm（0.01μm）	DNA的直徑（約2nm）

第1章

以細胞分類 從微生物的2類來瞭解何謂使生命進化的「內共生學說」

微生物若是以「細胞構造」的內部差異來看，可以分成2種類型。

一種稱為「**原核生物**」，是以構造簡單且原始的細胞來保護留下後代子孫所需的基因。例如大腸桿菌、納豆菌等細菌，以及名為古細菌的種類都是這種類型。另外一種叫做「**真核生物**」，其細胞的結構比原核生物來得複雜，黴菌、蕈菇等真菌便屬於此類。

生命是在約莫38億年前誕生在地球上。關於現在的微生物是在那之後的何時出現，這一點尚無法清楚得知。不過，根據有力的研究證據顯示，是擁有原始細胞構造的原核生物先出現，然後古細菌侵吞了原核生物，再進化成為真核生物。這便是生物學家琳恩・馬古利斯（Lynn Margulis）所提出的「**內共生學說**」。一般認為，這種細胞的進化差異，也會對微生物的特徵帶來很大的影響。

微生物可分為 2 類

真核生物

約 10μm

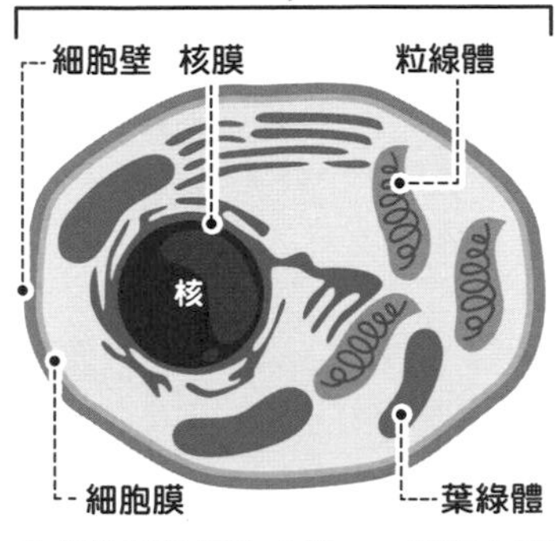

擁有裝著基因的「核」，細胞內有粒線體等小器官

原核生物

約 1μm

基因

細胞壁 細胞膜

※1μm為千分之一mm

不具備保護基因的核膜，細胞內的構造非常簡單且原始

微生物有適合棲息的溫度

低溫菌

0～15℃

棲息在海底、高山等低溫環境。有些也能在冰箱等0℃以下的地方生存

中溫菌

15～45℃

腸內細菌等多數微生物皆屬此類。酵母等用來製作發酵食品的微生物也是

高溫菌

50～80℃

棲息在溫泉、發酵堆肥、鍋爐的熱水等高溫場所。又稱嗜熱菌

0 10 20 30 40 50 60 70 80

微生物的基礎知識③ 增生的方法

相似的只有名稱？「細菌」和「真菌」的差別在於……

細菌和真菌因為名稱中都有「菌」這個字，很容易被認為是相同的東西，但其實這兩者可以基於細胞結構的差異，明確地區分成原核生物和真核生物。並且，這方面的差異也會表現在細胞增生方式的不同上。

原核生物的細菌通常都是以二分裂法來增生。也就是，1個細胞分裂成2個、2個分裂成4個……像這樣以倍數增加。以大腸桿菌為例，其單體的大小約為1 μm，但是在培養實驗下，只需一天就會增生成1個杯子的體積。真核生物則是有單細胞的酵母和多細胞的黴菌等等。**酵母有的是和細菌一樣以二分裂法來增生，有的是從細胞中發芽增加**；有些黴菌則會延伸出樹枝狀、名為菌絲的東西來增加繁殖。由於細胞型態比原核生物來得多樣，因此各個真核生物的增生方式也各有變化。

細菌和真菌的差異在於「增加方式」

細菌的增加方式

分裂增加

基本上是採取在具備水、氧氣、養分的適切環境下，讓細胞分裂的「二分裂增生」方式。有些細菌還會在環境變得嚴苛時，製造出孢子進入休眠狀態，等到環境恢復再繼續增生

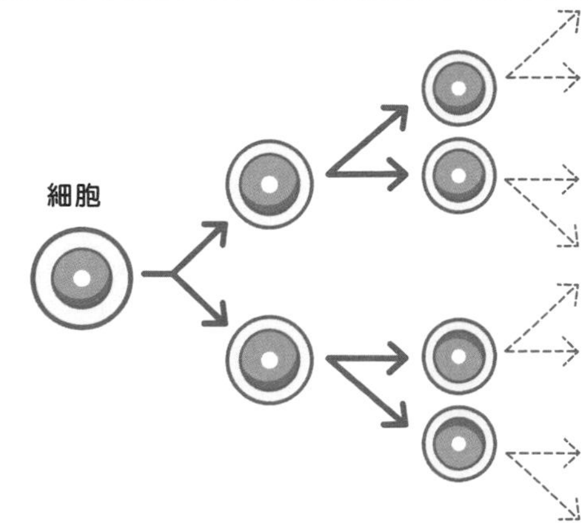

真菌的增加方式

酵母是發芽和分裂，黴菌是延伸菌絲

酵母有的是像細菌一樣採取二分裂法，有的則是透過從細胞中發芽來增生。黴菌是延伸菌絲來增生，有些還會像蕈菇一樣形成肉眼可見的子實體

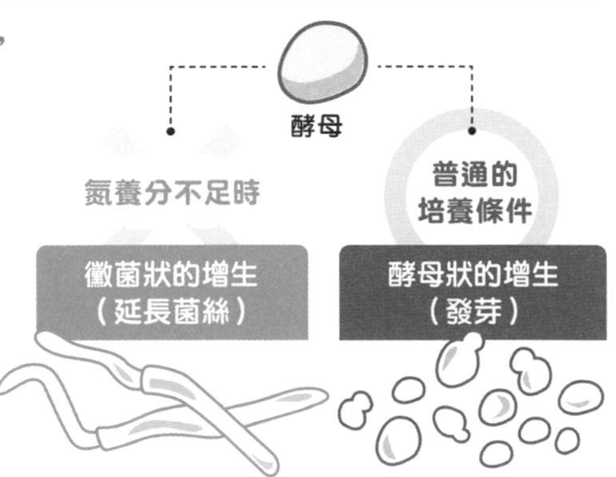

球菌、桿菌、螺旋菌、嗜氧性、厭氧性……細菌有各式各樣的種類

原核生物的細菌可依據細胞的形狀，分成圓形的球菌、細長形的桿菌、螺旋狀的螺旋菌等許多種類。

要觀察這些細菌，一般都是使用光學顯微鏡。可是，在不像現代一樣有高性能顯微鏡的時代，研究者必須費盡千辛萬苦才能對細菌進行觀察和分類。

1855年，丹麥學者漢斯・克里斯蒂安・革蘭（Hans Christian Gram），**發明了利用染色結果的不同來區分細胞外側構造的「革蘭氏染色法」**。在這個方法之下，細菌被分類成「革蘭氏陽性菌」和「革蘭氏陰性菌」兩種，鑑定速度也從此飛躍性地提升。如今，這個方法依然是細菌分類的重要基準之一。

除此之外，像是透過對有氧環境的好惡來區分**嗜氧性**和**厭氧性**等等，還能夠對細菌進行各式各樣的分類。

關於細菌的分類

	革蘭氏陽性菌 這種細菌的特徵是擁有堅固厚實的細胞壁，即使身處嚴苛環境仍可生存。在革蘭氏染色法下會被染成紫色		革蘭氏陰性菌 大多會對人體細胞帶來不良影響。使用革蘭氏染色法進行染色後，一度染上的紫色色素會脫色而無法固定	
	嗜氧性	厭氧性	嗜氧性	厭氧性
球菌	溶血性鏈球菌等	表皮葡萄球菌、金黃色葡萄球菌、MRSA、轉糖鏈球菌等	根瘤菌、耐金屬貪銅菌等	—
桿菌	納豆菌、放線菌、鏈黴菌等	痤瘡桿菌、比菲德氏菌、炭疽桿菌、產氣莢膜芽孢梭菌、乳酸菌等	大腸桿菌、綠膿桿菌、醋酸菌、藍綠菌等	沙門氏菌、發電菌等
螺旋菌 	—	—	幽門螺旋桿菌等	螺旋體、曲狀桿菌、趨磁細菌等

其他細菌 黴漿菌、立克次體等

微生物的基礎知識⑤ 病毒

介於生物與物質之間的微妙存在 病毒究竟是什麼？

病毒因為無法自行增生，所以不算是生物。可是，**病毒卻擁有DNA、RNA這些複製自己的遺傳情報，能夠藉由感染動物、植物，利用受感染者的細胞來反覆複製。**

要觀察病毒，需要使用能夠比光學顯微鏡看見更微小物體的電子顯微鏡。另外，目前也已得知擴大病毒基因來檢測其存在的「PCR法」（P.154）等等。一般人對於病毒的印象大多是會對人造成危害，然而其真正的原因，其實是被用來複製的細胞受損，才會帶給人體不良的影響。

這些損害，可以透過施打疫苗、服用直接產生作用的藥物來進行治療。可是，由於**病毒的種類有無數種，又具有變異速度極快的特徵**，因此新型病毒有時會成為人類的天敵，在全世界恣意肆虐。

關於病毒

基本構造

擁有DNA或RNA的遺傳情報，以名為衣殼的蛋白質外殼包覆遺傳情報的形式存在。另外，也有以容易吸附在細胞上、名為外套膜的膜包覆外側的類型

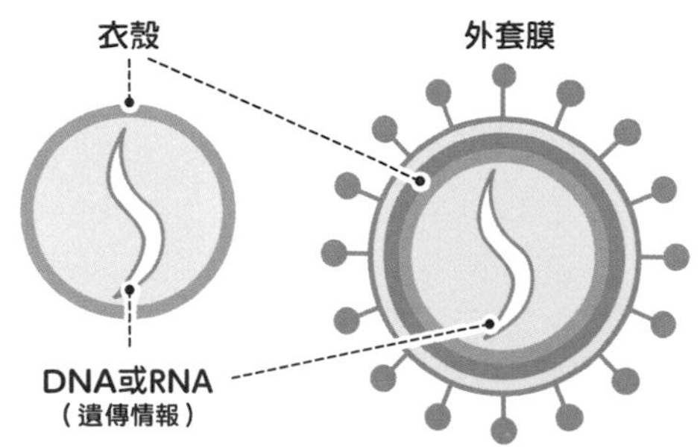

增加方式和種類

寄生在生物細胞上增生

吸附在生物細胞上加以入侵，一邊複製自己的基因和合成蛋白質，一邊增生。之後，將增生病毒拋出細胞之外，反覆對其他細胞進行感染

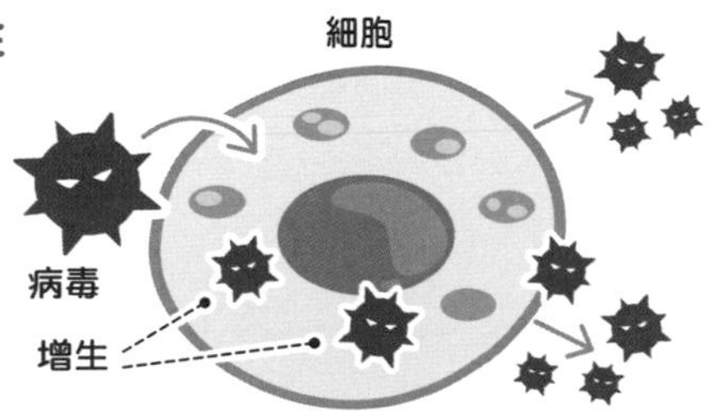

DNA病毒	增生速度緩慢。很少產生變異，人遭受感染時也容易對付。也有會對細菌進行感染的病毒（天花病毒、噬菌體等）。
RNA病毒	會頻繁地突然產生變異，增生速度很快。具有外套膜的病毒大多會對動物造成感染（流感病毒、冠狀病毒、諾羅病毒等）。

Column

對微生物學大躍進貢獻最大的3人是誰？

微生物學之父

雷文霍克（1632-1723）

身為荷蘭織品商的他，從用來管理纖維品質的鏡片得到靈感，以自製的顯微鏡成功觀察到湖裡的浮游生物、人類口腔中的微生物。又被稱為「微生物學之父」。

燒瓶很有名

巴斯德（1822-1895）

法國的細菌學家。證明只要用頸部彎曲的燒瓶煮滾湯、殺死內部的雜菌，湯之後就不會腐敗。闡明腐敗和發酵的原因在於微生物的存在。

成功完成純培養

羅伯・柯霍（1843-1910）

德國研究者。利用培養皿和培養基，確立人工培育、增生微生物的方法，使得之後的微生物研究有了大幅進展。也是炭疽桿菌、結核桿菌、霍亂弧菌的發現者。

日本方面有何研究？

像是因發現破傷風菌且確立治療方法，而被稱為「日本細菌學之父」的北里柴三郎（1853-1931）、因發現赤痢菌而聞名的志賀潔（1870-1957）、對於研究被稱為不治之症的梅毒的病原菌螺旋體，以及製造特效藥有很大貢獻的秦佐八郎（1873-1938）、因研究黃熱病而聞名的野口英世（1876-1928）等等，都是在醫學領域表現活躍的日本名人。另外近年來，有關酵母及日本傳統釀酒法所利用的釀造微生物的研究，也備受全世界的關注。

第2章

無所不在的微生物

首先要介紹平時就存在於人體內的細菌、真菌等微生物。其中除了有會守護身體及肌膚健康的微生物，也有會造成疾病的微生物！

無所不在的微生物的基礎知識

看不見卻總計高達1.5kg!? 負責維持人體健康的常在菌

多數人大概都是等到生病了，才會意識到「○○菌」、「○○病毒」的存在吧。可是事實上，健康的人體中也隨時都存在著無數的微生物。比方說，像是腸道內的大腸桿菌（P.46）、口腔內的乳酸菌（P.90）等等，人體中共有1000種以上，數量超過100兆個、總重高達1.5kg的微生物。這些**居住在人體內，只要健康就不會造成危害的細菌和真菌，稱為常在菌。常在菌和製造維生素等有用物質、排除引發疾病的微生物的免疫功能有關**。只不過，常在菌之中也有一旦免疫力下降，就會引發疾病的菌種。

常在菌的種類和數量會隨宿主的生活環境、居住地區而異，不過大多常見於口腔內、皮膚和腸道。只要用顯微鏡觀察這些部位，就能看見無數微生物棲息的模樣就好像「花團錦簇的花圃（flora）」一般，所以如果是腸道，就被稱為「腸道菌叢」。

人體中的常在菌及其功用

多達1000種、100兆個以上的常在菌，
具備各種維持健康的功能！

口腔

數量 約100億個
種類 300～700種
例：乳酸菌（P.90）、轉糖鏈球菌（P.42）、螺旋體（P.44）等

微生物的功用
雖然能夠整頓口腔環境，但有時也會造成蛀牙、牙周病

消化道

數量 約100兆個
種類 約150種
例：大腸桿菌（P.46）、比菲德氏菌（P.48）、產氣莢膜芽孢梭菌（P.50）等

微生物的功用
大腸的常在菌尤其和「免疫」功能息息相關

皮膚

數量 1兆個 **種類** 約1,000種
例：表皮葡萄球菌（P.30）、金黃色葡萄球菌（P.32）、痤瘡桿菌（P.34）

微生物的功用
是美肌還是粗糙肌膚，全看常在菌的心情而定！

最近常聽到的「腸道菌叢」是位於腸道內的細菌花圃！

人體中微生物特別多的地方是口腔內、皮膚表面和腸道。這三個部位的細菌分別稱為菌叢，和人體健康有密切的關聯

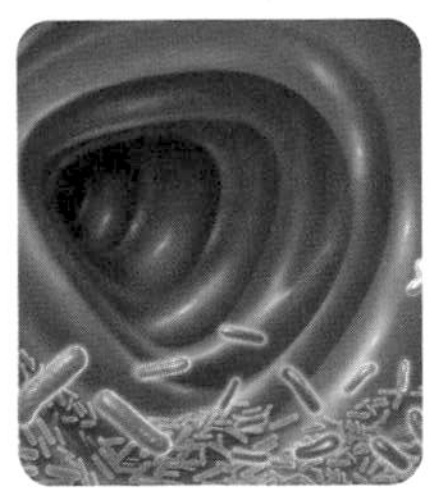

腸道菌叢
有著人體內最多的微生物。左圖為示意圖

口腔菌叢
舌頭、牙齒、齒垢上都住著不同的微生物

皮膚常在菌菌叢
微生物會阻擋從體外入侵的異物

第2章

護膚這件事就交給我吧！
顆粒集結成
葡萄般的形狀
光滑亮麗
具有保護皮膚的功效，又被稱為「美肌菌」的美容師

〔 賦予肌膚潤澤的益生菌 〕

表皮葡萄球菌

標準尺寸	0.8～1.0μm左右
發育溫度	35～37℃左右
主要住處	人類的皮膚表面、鼻孔內部等等。一旦進入體內便有致病的可能

細菌 古細菌 真菌 病毒

嗜氧性 厭氧性

一共35種的葡萄球菌中的1種。呈現球菌不規則地排列成集合體的形狀

貢獻度 

危險度 

平時非病原性，不過一旦入侵體內，有可能會產生病原性

過度清潔臉部大NG！「保護美肌菌」

因具有集結成一串串葡萄狀的性質，而被稱為「葡萄球菌」的一種細菌，**是棲息在皮膚表面、鼻腔內等處的常在菌代表**。基本上為非病原性，但有時也會入侵體內引發感染症。

表皮葡萄球菌因為具有賦予肌膚潤澤、抑制老化的功效，所以又被稱為「美肌菌」。一旦汗水讓肌膚傾向鹼性，金黃色葡萄球菌（P.32）等壞菌就會增加，進而造成肌膚問題。這時，就是表皮葡萄球菌大展身手的時候了。表皮葡萄球菌會以汗水、皮脂為養分，**製造出讓皮膚呈弱酸性的良性脂肪酸，以及維持角質層水分的甘油**。除此之外，還有製造出以胺基酸為主成分、**名為抗菌胜肽的物質來抑制壞菌增生的功效**。

表皮葡萄球菌雖然能夠守護肌膚的健康，卻會被肥皂等清潔產品除去。「過度洗臉、洗手對皮膚不好」這句話之所以會出現，就是為了適當地維持表皮葡萄球菌的數量。

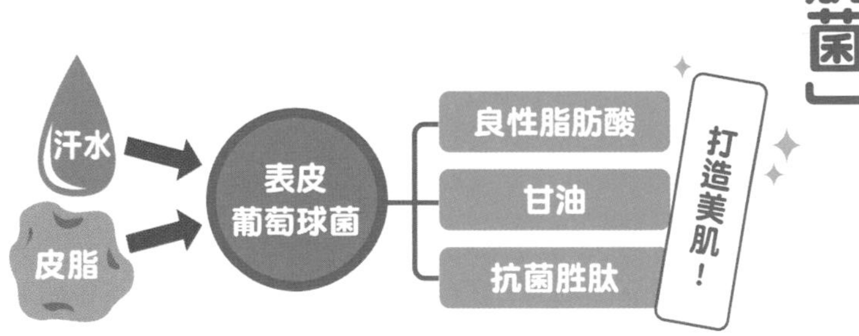

我有好多毒素呢
……
擁有非常多種毒素
皮膚感染症
MR性腸炎
食物中毒
肺炎
引發「食物中毒」、「皮膚感染症」、「敗血症」、「肺炎」等

〔常在菌中首屈一指的麻煩製造者〕

金黃色葡萄球菌

標準尺寸 0.8～1.0μm左右

發育溫度 35～40℃左右

主要住處 人類的皮膚表面、鼻孔內部、喉嚨、腸道內等等。亦廣泛分布於自然界

細菌 | 古細菌 | 真菌 | 病毒

嗜氧性 | 厭氧性

葡萄球菌的一種。儘管眾說紛紜，但據說30%以上的人身上都有，是引發各種疾病的原因

貢獻度 ♥♡♡♡♡

危險度 !!!!!

是存在於人類皮膚的葡萄球菌中，毒性特別強的一種

捏飯糰時要特別小心！

和表皮葡萄球菌（P.30）相反，**金黃色葡萄球菌是一種會產生多種毒素、堪稱「毒素百貨公司」的常在菌**。平常棲息在皮膚、鼻腔內、喉嚨、傷口附近，即使在缺少氧氣的環境下仍能增生。

金黃色葡萄球菌最常引起的麻煩就是食物中毒。舉例來說，假使手或手指有割傷的人捏製飯糰，在傷口增生的大量金黃色葡萄球菌就會附著在飯糰上繼續增生，進入體內後**又會製造出對腸道有不良影響、名為腸毒素的毒素，進而引起食物中毒**。腸毒素非常耐熱，即使以100℃煮沸30分鐘仍可存活，因此即便加熱毒性還是不會消失。

除此之外，金黃色葡萄球菌有時也會經由傷口化膿或從傷口入侵內臟，引發肺炎或敗血症。另外，已對多種抗生素產生抗藥性的金黃色葡萄球菌、MRSA（P.62），也以醫療現場為中心造成極大的問題。

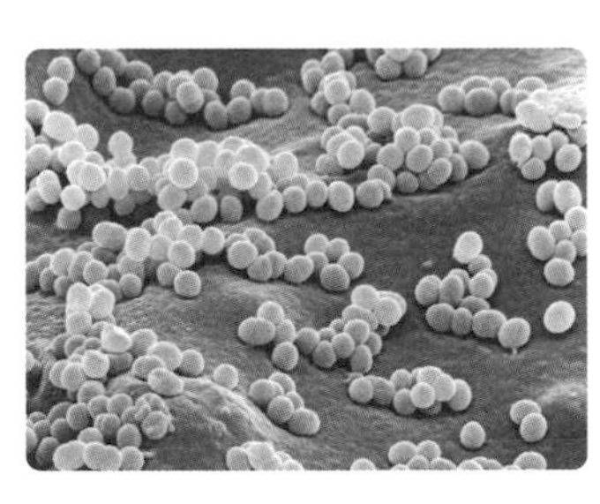

電子顯微鏡下的金黃色葡萄球菌

可以看見多個球菌聚集成像葡萄串一樣的形狀

是好是壞，全視你的身體狀況而定
分成善良菌（益生菌）和邪惡菌（壞菌）
多半住在人體皮膚的毛孔裡

第2章

〔雖然被稱為「面皰菌」，但其實……〕

痤瘡桿菌

標準尺寸	0.4～0.9μm左右
發育溫度	30～37℃左右
主要住處	人類的皮膚表面，尤其是臉、背部的毛根深處這類缺乏氧氣的地方

細菌　古細菌　真菌　病毒

嗜氧性　厭氧性

是幾乎存在於人類皮膚上的常在菌代表。因為喜歡脂質，所以大多出現在皮脂分泌量多的臉和背部

貢獻度 ♥♥♥♥♥

危險度 !!!!!

痤瘡桿菌雖然容易讓人聯想到面皰，但其實本來也有保護皮膚的效果

面皰產生的機制

這種細菌因為存在於面皰中，所以被取名為英文中表示面皰的痤瘡（acne）。痤瘡桿菌是人類皮膚上到處都有的常在菌，喜歡缺乏氧氣的環境，且主要營養來源是皮脂，因此有著容易在臉部毛孔增生的性質。

雖然一般人常認為痤瘡桿菌是「面皰的成因」，但其實多數的痤瘡桿菌都是對人類有幫助的益生菌，**具有保護人體不受致病微生物侵擾，並且讓皮膚保持弱酸性的效果**。如今，各個領域都有在進行如何活用好痤瘡桿菌的研究。

可是，一旦壓力、混亂的生活習慣等因素使得荷爾蒙失調，就會導致皮脂分泌增加和角質劣化。如此一來，毛孔就會堵塞，皮脂也會在裡面愈積愈多，讓壞痤瘡桿菌過度增生。壞痤瘡桿菌會分解皮脂，**產生讓肌膚發炎的成分，使得面皰（紅面皰）惡化下去**。

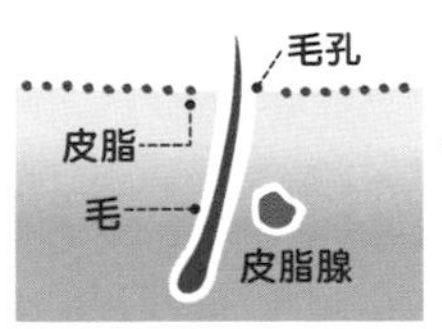

在正常狀態下，皮脂污垢很少，毛孔也是打開的

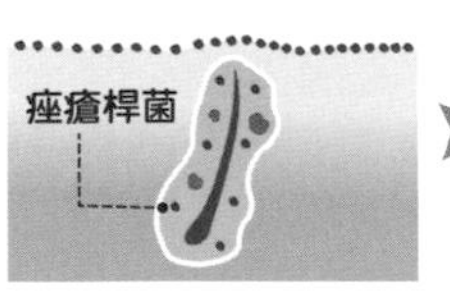

過度分泌的皮脂使得毛孔堵塞，皮脂因此愈積愈多

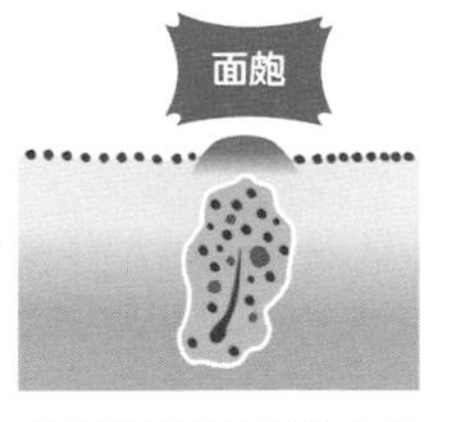

痤瘡桿菌在毛孔中增生，引起發炎

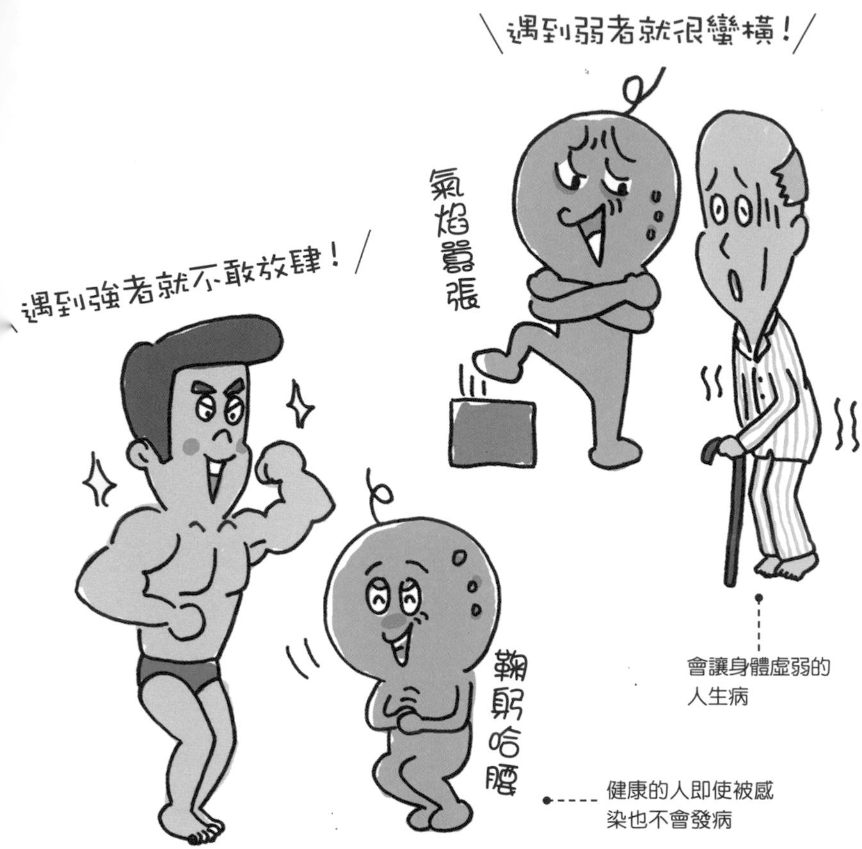

＼遇到弱者就很蠻橫！／

氣焰囂張

＼遇到強者就不敢放肆！／

鞠躬哈腰

會讓身體虛弱的人生病

健康的人即使被感染也不會發病

〔遇到強者就謙虛，遇到弱者就傲慢無禮的討厭傢伙〕

綠膿桿菌

標準尺寸 0.5×3.0μm左右

發育溫度 37℃左右

主要住處 人類的腸道內，植物的表面。另外，也會分布在家中的廚房這類會用到水的地方

細菌｜古細菌｜真菌｜病毒

嗜氧性｜厭氧性

廣泛分布在地球上的代表性常在菌。因傷口受到感染後會產生綠色的膿，故得其名

貢獻度

危險度

對消毒藥的抵抗力強，大多都已產生抗藥性

會攻擊免疫力下降的人……

會讓傷口化膿呈青綠色的綠膿桿菌是常在菌之一，除了人體外，亦常見於積水處、流理台、水龍頭等用水的地方。不僅如此，**由於對於消毒藥具有很強的抵抗力，因此有時也會潛伏在肥皂、消毒液之中**，可以說是一種很難消滅的棘手細菌。

綠膿桿菌對健康的人幾乎無害，可是，對於有疾患的人、老年人等**免疫力低落的人來說，卻是會引發嚴重感染症的病原菌**。即使是在乾淨的醫院裡，水龍頭、蓮蓬頭、門把等處都有綠膿桿菌的存在，隨時都在伺機攻擊醫院內的患者。

綠膿桿菌一旦入侵體內，就會製造出名為內毒素的毒素，引發肺炎或敗血症。另外，還有可能經由醫療從業人員或患者之手瞬間在醫院內擴散，引發大規模的院內感染。再加上，綠膿桿菌有著容易對藥劑產生抗藥性的性質，因此和MRSA（P.62）一樣在醫療現場被視為可怕的大敵。

容易感染綠膿桿菌的人

- 高齡者，尤其是臥床狀態者
- 正在服用抗生素或免疫抑制劑的免疫不全患者
- 罹患白血病、惡性淋巴癌等血液疾患者
- 重度糖尿病患者

主要症狀

- 敗血症
- 呼吸器官感染症
- 尿道感染症
- 消化道感染症等

我最～喜歡在潮濕的地方吃油脂了♥

吃掉脂質後使得皮膚產生發炎症狀

棲息在背部、胸口等容易流汗、有濕氣的地方

〔引起搔癢的「皮膚疹」〕

馬拉色菌

標準尺寸	2.0×12μm左右
發育溫度	30～33℃左右
主要住處	人類的皮膚表面，尤其常見於皮脂分泌量多的臉、脖子、背部、肩膀、上手臂等等

細菌　古細菌　**真菌**　病毒

嗜氧性　厭氧性

喜歡脂質的真菌。面皰的成因雖然主要是痤瘡桿菌（P.34），不過背部的面皰和這種菌也有關

貢獻度 ♥♡♡♡♡

危險度 !!!!!

會引起面皰一般的紅疹，以及讓頭、臉產生脫屑症狀的濕疹

身體出疹的原因是黴菌!?

馬拉色菌是黴菌的一種，是棲息在人、狗的皮膚上的皮膚常在真菌。以皮脂作為營養來源，不過和常見於臉部毛孔的痤瘡桿菌（P.34）不同，**其特色是分布於全身上下，尤其會在容易因汗水而悶熱潮濕的頸後、背部、肩膀、上手臂增生。**

「背痘」、「身體痘」這些發生在臉部以外的面皰，一般認為多半是由馬拉色菌所引起。和大多數的黴菌相同，是在濕氣重的梅雨季節到夏天這段時期增生。馬拉色菌會分解皮脂，大量產生刺激毛孔的脂肪，引發名為馬拉色菌毛囊炎、像面皰一樣的紅色疹子。而且出疹時經常會伴隨強烈搔癢感這一點，也堪稱是馬拉色菌的一項特徵。

另外，**馬拉色菌有時也會在頭皮上擴散，引起脫屑、泛紅等頭皮問題**。壓力過大、缺乏運動、飲食生活不正常等等，也都是促使馬拉色菌增生的原因。

馬拉色菌和痤瘡桿菌的比較

	馬拉色菌	痤瘡桿菌
分布場所	全身上下，尤其容易在頸後、背部、肩膀、上手臂等處增生	主要是臉部周邊的毛孔
出疹	泛紅面積比面皰小，尺寸比較一致。散布範圍很廣	不規則地產生大小不一的突起疹子
治療方法	很難自然痊癒，需要使用抗菌劑以塗抹等方式進行治療	嚴重時要用藥，不過也很常自然痊癒

從他人身上獲得常在菌能改善健康!? 受到全世界矚目的常在菌移植

人類的身體表面，棲息著像表皮葡萄球菌（P.30）這樣的益生菌、金黃色葡萄球菌（P.32）這樣的壞菌等各式各樣的皮膚常在菌，其數量每1 cm^2 至少有幾千，多則高達幾十萬個。若將體內的常在菌也算進去，則數量會超過100兆個，遠比約37兆個的人體細胞還多。

常在菌的種類和比例，會受到人種、居住地、生活型態的影響，即使是相同國家的人，也會隨身體狀況、飲食習慣而有所差異。因為皮膚的環境時時刻刻都會隨身體狀態產生變化，棲息在上面的微生物自然也會受其影響。

儘管常在菌的組成狀況因人而異，但是家人、情侶身上的常在菌種類、比例卻十分相似。這是因為光是揮揮手，常在菌就會輕易地飛到空氣中，附著在周圍的人身上。換句話說，別說是和他人握手了，就連跟別人靠近交談，雙方都會彼此交換常在菌。順道一提，若是對家中的寵物犬進行檢驗，就會發現狗和飼主的常在菌存在著相似性。

只要利用他人的常在菌能夠輕易定居下來的這個特徵，就能夠刻意地進行移植。從常在菌組成均衡的人身上，移植常在菌到不均衡的人身上，這項「常在菌移植治療」的研究，目前在世界各地都正在進行當中。

2016年，美國一項針對異位性皮膚炎所進行的研究便是其中一個例子。異位性皮膚炎患者的肌膚上棲息了許多金黃色葡萄球菌，其所帶有的毒素會使得症狀惡化。因此他們做了一個實驗，就是從健康肌膚的人身上採集常在菌，用噴霧器噴灑在患者身上，結果半數以上的人的症狀都減輕了，而且也沒有產生副作用。同樣的，目前也已得知移植來自糞便的腸內細菌，可以改善因細菌感染所引發的腸炎。在日本，據說也有醫院將其當作臨床研究的一環，提供腸內細菌的移植治療服務。

正因為常在菌與健康狀態息息相關，只要巧妙地加以控制，即可有效改善健康狀況。

在這裡興建我們的「齲齒城」！
住進牙齒內造成蛀牙
製造分解食物殘渣的
牙菌斑
ミュータンス
敲敲

〔潛藏在齒垢中、溶解牙齒的齲齒菌〕

轉糖鏈球菌

標準尺寸 1.0μm左右

發育溫度 37℃左右

主要住處 除了人類的口腔外，也會分布在動物的口腔內。一般來說數量很少

細菌 | 古細菌 | 真菌 | 病毒

嗜氧性 | 厭氧性

外觀呈現小小的球狀，會連結增生成像鏈子一樣。主要存在於口腔，又被稱為「齲齒菌」

貢獻度 ♥♡♡♡♡ 是產生齲齒、齲齒程度加深的最大原因

危險度 !!!!!

不好好刷牙的後果不堪設想

轉糖鏈球菌棲息在人類等哺乳類的口腔內，是球體菌增生連結成鏈狀的「鏈球菌」的一種，一般稱為「齲齒菌」。剛出生的嬰兒口腔內並不存在轉糖鏈球菌，但是卻會經由共用的湯匙、餐具，從大人的唾液受到感染。

轉糖鏈球菌的主要營養來源是醣類，**會分解附著在牙齒上的食物殘渣內所含的醣類，製造出名為葡聚醣的黏稠物質**。接著，口腔內的細菌會合體，在牙齒表面形成牙菌斑（齒垢）。細菌增生的牙菌斑會牢牢地附著在牙齒上，光憑一般的牙刷無法清除。氧氣到不了的牙菌斑內，是轉糖鏈球菌等厭氧性細菌的絕佳住處，它們會在此活化從醣類產酸的作用。牙齒因此溶解，進而導致齲齒的產生、惡化。

轉糖鏈球菌潛藏在幾乎所有成人的口腔內，**只要飯後好好刷牙、保持口腔清潔，即可抑制轉糖鏈球菌的活動**。

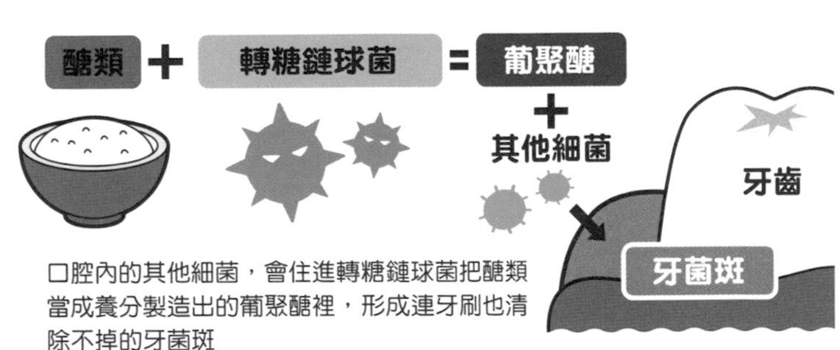

口腔內的其他細菌，會住進轉糖鏈球菌把醣類當成養分製造出的葡聚醣裡，形成連牙刷也清除不掉的牙菌斑

第
2
章

外觀呈現螺旋狀
我才不會輸給黏性呢
能夠活潑地旋轉活動

〔即使黏呼呼依舊伸縮自如〕

螺旋體

最大尺寸	0.1×20 μm左右（亦存在數百 μm的螺旋體）
發育溫度	—
主要住處	人類的口腔和腸道內，狗、豬等動物的體內等等。除了生物外，亦存在於土壤、水、腐敗物中

細菌｜古細菌｜真菌｜病毒

嗜氧性｜厭氧性

螺旋體是現在已知約50種的細菌的總稱。外觀呈現細長的螺旋狀，能夠劇烈地伸縮

貢獻度 ♥♡♡♡♡

危險度 ❗❗❗❗❗

是牙周病、梅毒、大腸感染症等各種感染症的成因

能夠在黏呼呼的環境中生存！

螺旋體是細長螺旋狀細菌的總稱，主要棲息在哺乳類的腸道等處。多數細菌都是藉由旋轉伸向身體外側的鞭毛來活動，但是螺旋體的最大特徵是**鞭毛位於體內，靠著扭動伸縮螺旋狀的身體來運動**。因此，和其他細菌不同，螺旋體即使處於黏性高的環境依舊可以活動身體，甚至還有研究資料顯示，螺旋體在有黏性的環境下活動得比較快速。

至於對於人體的影響，目前已知螺旋體會引起多種感染症，比方說，**有時會從牙周病患者的口腔內檢測出螺旋體**。因此，是否從牙菌斑檢測出螺旋體，就成為罹患牙周病與否的基準。牙周病是因為牙齒和牙齦間的牙周囊袋內囤積了牙菌斑所引起，而黏呼呼的牙菌斑恰巧對螺旋體而言是絕佳的生存環境。除此之外，性傳染病中的梅毒、大腸感染症中的腸道螺旋體症等等，也都是螺旋體所引起的疾病。

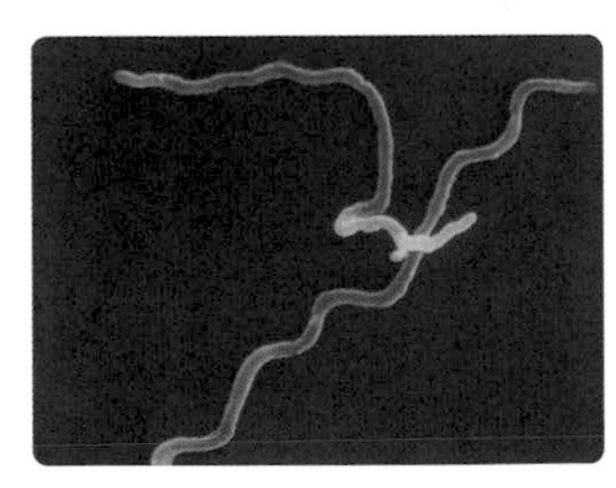

電子顯微鏡下的螺旋體

引起梅毒的螺旋體。外觀呈現螺旋狀

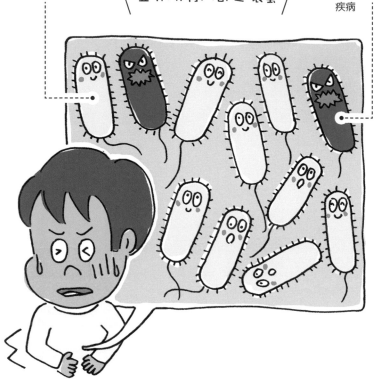

大腸桿菌
幾乎無害

並非所有人都是壞蛋

其中也有一些會
引發攸關性命的
疾病

〔無害的多數和危險的少數!?〕

大腸桿菌

標準尺寸 0.5×3.0μm左右

發育溫度 37℃左右

主要住處 人類和動物的腸道內。種類、數量會隨人種、生活環境、身體狀況有很大的差異

細菌 | 古細菌 | 真菌 | 病毒

嗜氧性 | 厭氧性

棲息在腸道內的細菌，生長成嗜氧或厭氧都有可能。也被利用來生產化學物質

貢獻度 

危險度 

和免疫等人體機能有關。健康狀態不佳時會引發疾病

危險的同時卻也是研究材料!?

大腸桿菌是主要棲息在人類、家畜的腸道內的常在菌之一。外觀呈現細長的棒狀，即使沒有氧氣也能存活。**大腸桿菌幾乎都是無害，但是也存在著會引起腹痛、腹瀉等的有害種類，而那些被稱為病原性大腸桿菌。**

著名的病原性大腸桿菌之一，是腸道出血性大腸桿菌（通稱O157）。一般是經由接觸遭含有細菌的家畜糞便污染的水或食物感染。感染後，細菌會在腸道內製造出毒性強烈的vero毒素並增生，引起伴隨出血的腹瀉。傳染力非常強，有時會從感染者的排泄物中所含的微量細菌，擴散成大規模感染。

另外，人們在1940年代發現一種名為K-12菌株的大腸桿菌，具有類似有性生殖的性質。於是，在包括開發基因改造食品在內的**DNA研究領域，人們至今仍持續將其作為「模式生物」，利用其性質進行研究。**

成為病原的代表性大腸桿菌

O157

1996年，學校營養午餐發生O157所引起的集體食物中毒。不僅出現腹瀉、血便症狀，甚至還發生死亡案例

赤痢菌

1898年，由志賀潔所發現的菌。除了會有發燒、腹痛、腹瀉等症狀，也會伴隨噁心、嘔吐的現象

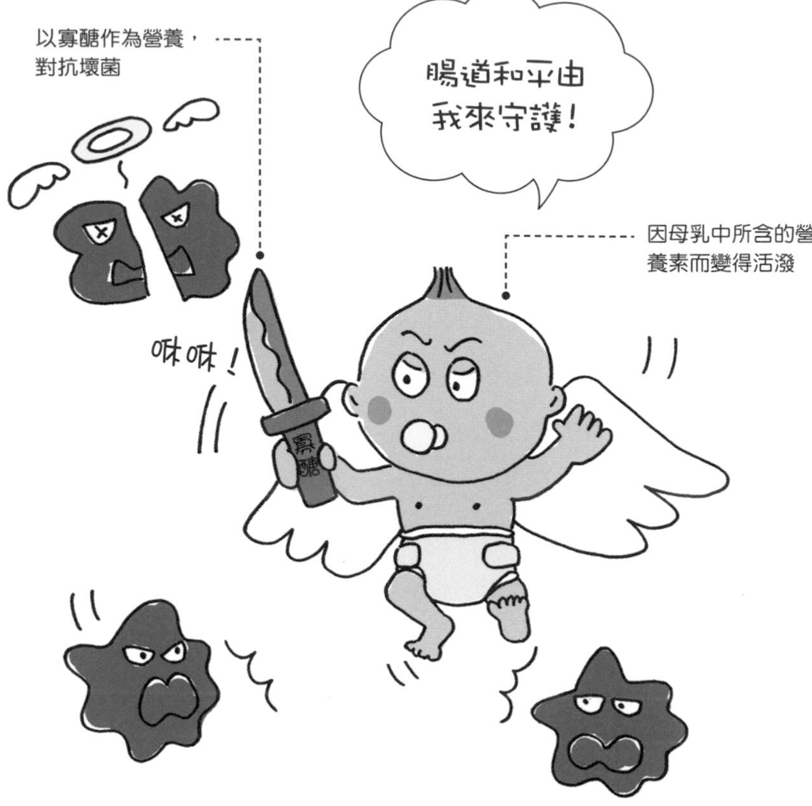
以寡醣作為營養，
對抗壞菌
腸道和平由
我來守護！
因母乳中所含的營
養素而變得活潑
咻咻！
寡醣

〔細菌界中對抗邪惡的天使〕

比菲德氏菌

標準尺寸 1.0μm左右

發育溫度 37℃左右

主要住處 人類的腸道內，尤其會分布於大腸。另外，亦存在於幾乎所有動物的腸道內

細菌　古細菌　真菌　病毒

嗜氧性　厭氧性

幾乎所有動物的腸道內都有的代表性益生菌。外觀呈現分枝狀、V字形、Y字形等

貢獻度 ♥♥♥♥♡

危險度 !!!!!

除了整腸作用外，甚至被認為具有抑制病原菌感染的效果

健康的關鍵在於比菲德氏菌

比菲德氏菌是腸內細菌的一種，**是具有整頓腸道環境之效果的代表性益生菌**。呈現V字形、棒狀等不規則的形狀、排列方式，只能棲息在無氧的環境中。在大約100兆個的腸內細菌中占約一成，數量是同為益生菌的乳酸菌（P.90）的100倍以上。堪稱是左右身體健康非常重要的關鍵。

比菲德氏菌會分解醣類，產生能夠抑制壞菌增生的乳酸和具有強大殺菌力的醋酸。只要比菲德氏菌等益生菌比壞菌占多數，腸內環境即可獲得改善。

剛出生不久的嬰兒的腸內細菌大半都是比菲德氏菌，但是其數量卻會隨年齡增長而減少。腸內壞菌增加，讓人變得容易便祕，然後糞便累積又會使得壞菌增加……有時還會陷入這樣的惡性循環。要增加體內的比菲德氏菌，最有效的方法就是攝取洋蔥、大豆等食物中所含的寡醣。

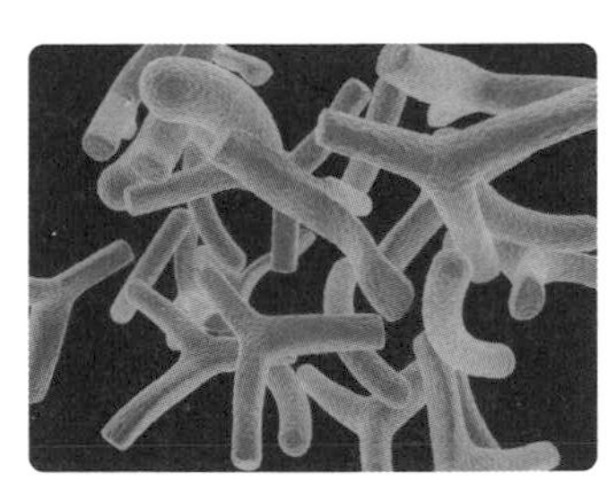

比菲德氏菌的CG

存在著V字形、Y字形等各種形狀

多半存在於缺乏氧
氣的鍋底，加熱時
會以芽孢進行防禦
ZZZ…
好舒服的溫度♪
盡情地製造毒素吧～
在釋熱過程中增
生、活化

〔加熱也不怕！潛藏在「常備菜」中的危險〕

產氣莢膜芽孢梭菌

標準尺寸 0.9×9.0μm左右

發育溫度 37～47℃ 左右

主要住處 人類和動物的大腸內。另外，也廣泛存在於污水、河川、耕地等處

細菌　古細菌　真菌　病毒

嗜氧性　厭氧性

壞菌的代表，會引發食物中毒。因為經常發生在給食設施（餐飲設施），所以在日本又名「給食病」

貢獻度 ♥♡♡♡♡

危險度 !!!!!

即使高溫加熱，耐熱性高的產氣莢膜芽孢梭菌依然能夠存活

以芽孢保護自己，在鍋中增生

除了人類、牛、鳥的腸內之外，產氣莢膜芽孢梭菌亦廣泛棲息在土壤、河川等自然界。**特徵是在不適合生存的狀況下，會形成如堅硬外殼的「芽孢」狀態來保護自己**。基本上無害，但是有一些卻會利用形成芽孢的特性引起食物中毒。

尤其，像是咖哩這種用鍋子燉煮的料理要特別小心。一般人經常以為料理「只要加熱，細菌就會死掉」，**但是產氣莢膜芽孢梭菌因為會變成芽孢來抵抗熱，所以即使經過燉煮也不會死亡**。不僅如此，一旦連同鍋子常溫保存，使得「沒有氧氣」、「食品溫度緩慢下降」這幾個條件俱全，菌的活動就會變得活躍，並且從芽孢中發芽、急速增生。

產氣莢膜芽孢梭菌從食物入侵體內後，會為了保護自己不受小腸內的消化液侵害而再次變成芽孢狀態。而產氣莢膜芽孢梭菌就是在這個時候產生毒素，引發食物中毒。料理做好之後要儘快冷凍保存，這樣才能避免產氣莢膜芽孢梭菌繁殖增生。

加熱

不耐熱的菌會死亡，但產氣莢膜芽孢梭菌會活下來

室溫放置

在氧氣少的狀況下，一旦溫度降到低於45℃，產氣莢膜芽孢梭菌就會增加

重新加熱

沒有芽孢的產氣莢膜芽孢梭菌雖然怕熱，但如果加熱不徹底就能夠生存

支撐被稱為「第二大腦」的腸道，免疫系統和美容也與腸內環境息息相關!?

之前在P．28也介紹過，腸道是人體中細菌數量特別多的部位。除了大家都知道的消化、吸收食物外，在最近的研究中，還發現腸道有著其他許許多多的功能。比方說，人體約有6成的免疫細胞都在腸道，和免疫功能有非常大的關聯。由於吸收進來的營養素會從腸道被運送至全身，因此腸道也是防止異物進入細胞的一道關卡。另外，腸道內有著數量僅次於大腦、約莫1億的神經細胞，所以又被稱為「第二大腦」。能夠和大腦交換情報，以及和心臟、肺臟彼此合作，調整身體的機能。而腸道之所以具備如此高度的機能，都要歸功於腸內細菌在背後支撐。

腸內細菌可分為益生菌、壞菌、中性菌，而健康的人是處於益生菌占多數的狀態。事實上為了健康，不只要讓益生菌占多數，讓腸內細菌的種類維持多樣也很重要。種類愈多，對於病毒、細菌的免疫力就愈高，也能減少罹癌的風險。相反的，腸內細菌失去種類多樣性的狀態稱為「微生態失調」，是處於免疫力低下的狀態。要避免微生態失調，有效的方法是增加食用的食品數量，並且攝取有助益生菌增加的食物纖維和寡醣、能夠抑制壞菌增生的發酵食品。

其次，腸內細菌中也有和減肥、美容有關的細菌。例如，「致胖菌」中名為「厚壁菌門」的細菌集團，據說腸內這種細菌愈多，就愈容易變得肥胖。厚壁菌門中所含的細菌，連多數人無法分解的一種食物纖維也能分解，導致即使吃得不多也會攝取過多的營養，進而容易肥胖。另外，人們會因為便祕而肌膚粗糙，其中一個原因就出在腸內細菌。一旦便祕，腸內環境就會惡化，導致壞菌增生，產生出名為「酚類」的毒素。酚類只要在皮膚上累積，就會引起乾燥、暗沉的問題。

腸內細菌和身體狀況相關。健康的關鍵就在於打造出良好的腸道環境。

Column

只有日本人才能吸收營養、為人熟知的傳統食材是什麼？

人類為什麼無法像草食動物一樣吃草原上的草呢？原因在於，人類的消化液中，沒有能夠消化形成植物細胞、名為「纖維素」的食物纖維。事實上，草食動物的消化液也無法消化纖維素，但是因為腸道內住著可以分解纖維素的細菌，所以才能夠吃草維生。

各位知道日本的傳統食品海苔，也是只有日本人才能夠消化嗎？一般認為，是因為日本人自古就有食用生海苔的歷史，於是漸漸地將能夠分解生海苔的微生物一起吃進腸道內。之後細菌被繼承給了子孫，成為日本人體內常駐的腸內細菌。

日本人借助居住在祖先腸道內的微生物之力，得以從海苔獲取營養。這種微生物目前在全世界，只能在日本人的腸道內找到。

第3章

不想遇見的微生物

接下來要介紹會引發疾病的微生物們。
像是對身體造成傷害、在體內產生毒素，
微生物有各式各樣的方法可以對人類「使壞」。

在體內掀起免疫系統和微生物的戰爭！因病原體而感染疾病的機制

在人體內引發疾病的微生物稱為病原體。病原體透過飲食進入體內，引起腹瀉、嘔吐等症狀者稱為食物中毒，而從體內有病原體的人或動物傳染給別人叫做感染症。食物中毒在某些情況下，也會將進入體內的病原體傳染給別人。除了生活習慣病，**引起最多疾病的就是細菌、病毒和真菌，因此人類的醫學進步堪稱是一部和病原體作戰的歷史。**

病原體進入體內後，並不會立刻引發疾病。人體中有兩種免疫系統，一是自動和異物作戰的先天免疫，二是排除過去感染過的病原體的後天免疫，而病原體一旦入侵體內，就會掀起一場與免疫系統之間的戰爭。這時，假使病原體打贏了，人體就會產生疾病。另外，在P.28介紹過的常在菌中，一種一旦體力衰退、免疫力下降，就會引發疾病的「中性菌」，也是引起疾病的原因。

病原體與免疫系統的戰爭

引發感染症

病原體

【攻擊方法】

- 增生，引發症狀
- 對人體製造毒素
- 製造破壞人體的酵素
- 破壞免疫功能

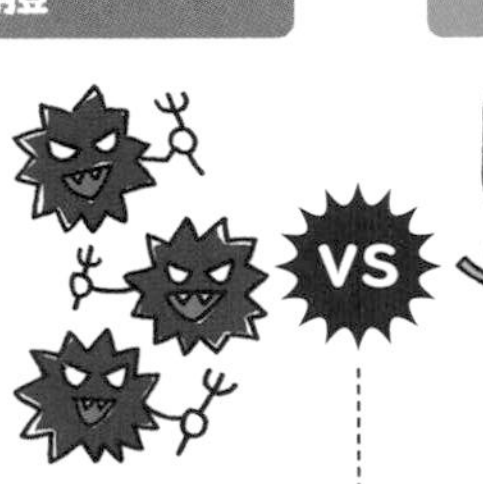

保護身體遠離疾病

免疫系統

【守備方法】

- 免疫細胞吃掉病原體
- 製造抗體，攻擊病原體

病原體獲勝！

【細菌】

徽漿菌（P.58）……………………肺炎
炭疽桿菌（P.68）…………………炭疽症

【病毒】

流感病毒（P.76）
……………………………………流感
冠狀病毒（P.78）…………………感冒

【真菌】

白癬菌（P.72）……………………足癬
念珠菌（P.74）……………………念珠菌症

免疫系統獲勝！

人體中有兩種免疫系統，一是白血球等先天免疫，另一種是只要曾經生過病，就會製造出名為抗體的物質來排除病原體的後天免疫

免疫界的小夫!? 站在強者那一邊的「中性菌」

細菌可以分為對人體有益的好菌、會帶來不良影響的壞菌，以及不好也不壞的中性菌。由於中性菌會站在強者那一邊，因此對於好菌占多數的健康人士不會有害。可是，對體力衰退、壞菌占多數的人來說，中性菌就有可能致病

健康的人

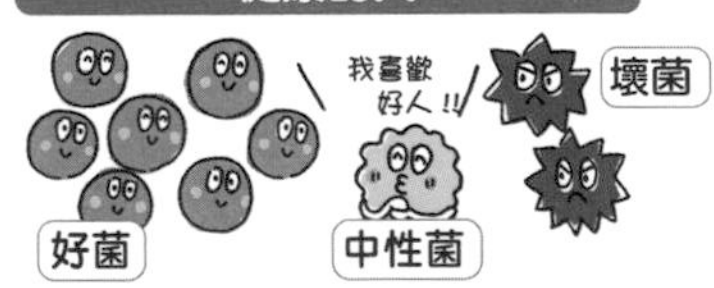

體力衰退的人

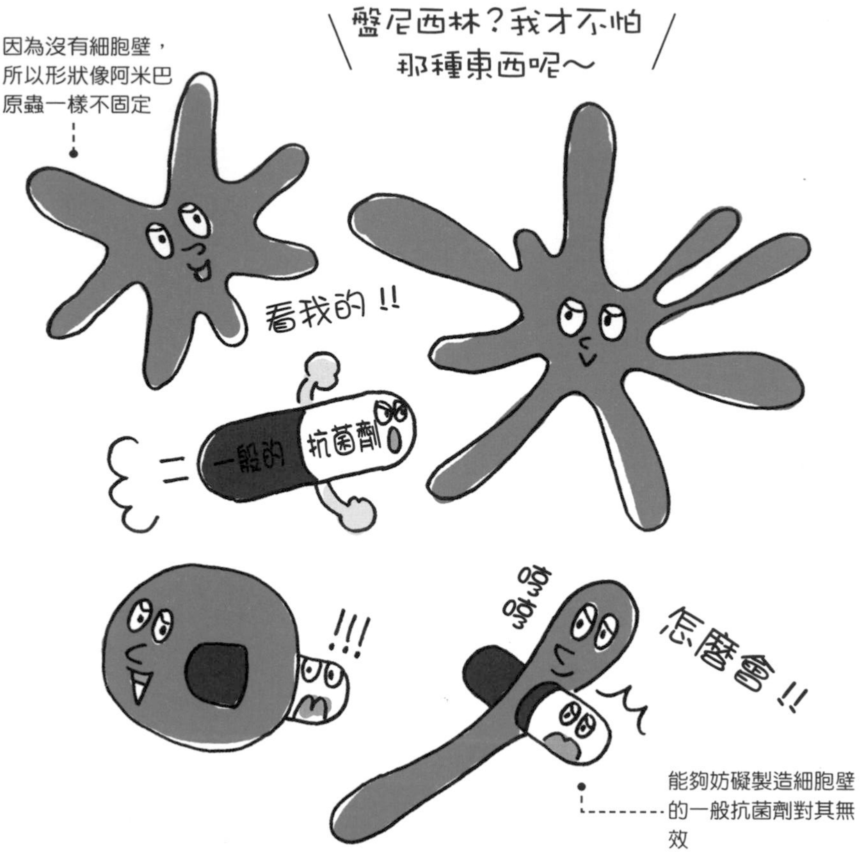

盤尼西林？我才不怕那種東西呢～

因為沒有細胞壁，所以形狀像阿米巴原蟲一樣不固定

看我的!!

一般的抗菌劑

!!!

哼哼

怎麼會!!

能夠妨礙製造細胞壁的一般抗菌劑對其無效

〔擁有無形、藥品也無效的特殊生態〕

黴漿菌

標準尺寸	125～250nm左右
發育溫度	—
主要住處	人類、牛、豬的體內，植物和昆蟲的體內也有。以飛沫感染、接觸感染的方式傳染

細菌 | 古細菌 | 真菌 | 病毒

嗜氧性 | 厭氧性

由於流行週期為4年，因此又稱「奧林匹克病」。是年輕人罹患肺炎的主要原因

貢獻度 ♥♡♡♡♡

危險度 !!!!!

約5%的肺炎是因此而起。加上感冒症狀，患者通常會久咳不癒

在氣管增生，引起劇烈咳嗽！

黴漿菌是一種在生物學上被分類為細菌的最小微生物。**菌的尺寸介於細菌和病毒中間，會像其他細菌一樣藉由細胞分裂進行增生，但是卻有著沒有細胞壁等寄生細菌的特徵。**

黴漿菌之中的肺炎黴漿菌，被視為是會引起感染症的病原體。這種黴漿菌是引發肺炎的代表性原因之一，感染路徑多半是透過飛沫和接觸感染。肺炎黴漿菌入侵體內後，會附著在呼吸道黏膜上增生，對氣管、肺泡造成傷害，引起乾咳、頭痛、倦怠感等類似感冒的症狀。

另外，如前所述，黴漿菌並沒有細胞壁。因此，**會對病原體造成影響、讓菌死亡的盤尼西林類（P.130）抗生素對其無效**，一般都是利用特殊的抗生素或自然痊癒的方式來逐漸康復。

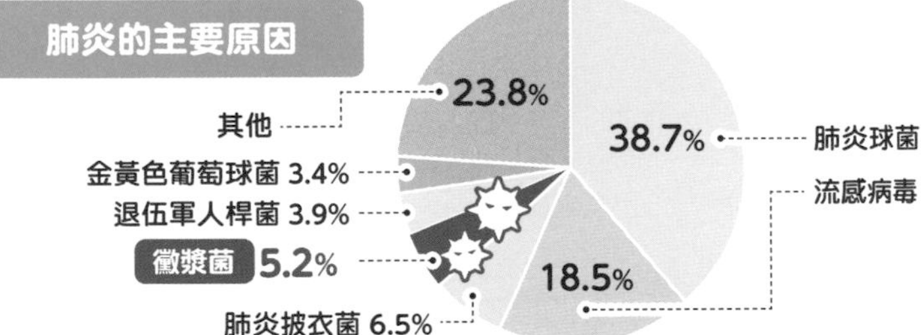

第
3
章

跳蚤啊，
高高飛向
新宿主吧！
衝啊——!!!
透過媒介生物叮咬
人體進行感染
由跳蚤、蝨子等媒介
生物運載病原菌

〔由蝨子、跳蚤帶來病原菌〕

立克次體

標準尺寸	0.5～2.0μm 左右
發育溫度	—
主要住處	經由老鼠等小型哺乳類、蝨子、跳蚤、恙蟲傳染給人類

細菌｜古細菌｜真菌｜病毒

嗜氧性｜厭氧性

以蝨子等節肢動物為媒介傳染給人類的細菌，卻有著無法在細胞外增生的性質

貢獻度 ♥♡♡♡♡
危險度 !!!!!

人一旦遭受感染就會起疹子、血管破裂，或是引起壞死

咬一口就有可能致命

立克次體比一般細菌來得小，外觀呈現球狀或桿狀。從前人們以為立克次體接近病毒，但是後來發現其生物學上的特徵屬於細菌，於是現在被分類在細菌這一類。

立克次體有多個種類且具有病原性，會引發讓人和老鼠等脊椎動物雙方都感染的人畜共通傳染病。**由作為媒介的蝨子、跳蚤藉由叮咬人，從感染病原性立克次體的脊椎動物傳染給人類**。恙蟲病也是其中一種，一旦立克次體透過恙蟲（蝨子的一種）入侵體內，就會順著血液在血管細胞上增生，引發血管炎。接著全身都會起疹，最壞時，還有演變成多重器官衰竭的危險性。話雖如此，由於恙蟲病是透過棲息在土壤的恙蟲進行感染，因此只要穿著不會露出皮膚的服裝即可預防。

除此之外，因為被蜱蟲叮咬，結果產生高燒、起疹、倦怠感等症狀的日本紅斑熱等疾病，也都是病原性立克次體所造成的。

立克次體引起的主要感染症

Q熱

以受到感染的蜱蟲為媒介傳染給人類。主要症狀為突發性的高燒、惡寒、頭痛、肌肉痛等

流行性斑疹傷寒

以體蝨為媒介傳染給人類。主要症狀為發燒、頭痛、惡寒、手腳疼痛等

日本紅斑熱

經由受到感染的蜱蟲傳染給人類。主要症狀為高燒、頭痛及叮咬處的紅斑

金黃色葡萄球菌（P.32）有了抗藥性後威力大增

〔抗生素無效的超級問題人物〕

MRSA

（抗藥性金黃色葡萄球菌）

標準尺寸 0.8～1.0μm 左右

發育溫度 35～40℃ 左右

主要住處 人類的皮膚表面、鼻孔內、腸道內等等。也會棲息在醫院裡

細菌 | 古細菌 | 真菌 | 病毒

嗜氧性 | 厭氧性

金黃色葡萄球菌具有抗藥性的病原體。和金黃色葡萄球菌一樣，也會存在於健康的人體中

貢獻度 ♥♥♡♡♡

危險度 ❗❗❗❗❗

不只是盤尼西林，對於多數的抗生素都有抗藥性

令醫療現場煩惱的進化型細菌

1932年，人類開發出了世界第一種抗生素，盤尼西林（P.130）。可是，當盤尼西林在醫療現場被廣泛運用之後，卻發現有細菌對其具有抗藥性，後來，每當有新的抗生素被開發出來，都會發現具有抗藥性的細菌。其中，目前在醫療現場造成相當大問題的，是MRSA（抗藥性金黃色葡萄球菌）。

和金黃色葡萄球菌（P.32）一樣，MRSA也是棲息在人體皮膚和鼻腔內的常在菌。對健康的人無害，**但如果是慢性病患者、免疫力低落的人，卻會比普通的金黃色葡萄球菌引發更嚴重的感染症**。尤其手術後的患者和正在住院的重症患者，一旦遭受感染，病情多半都會惡化，而且因為MRSA對抗生素具有抗藥性，所以治療起來非常困難。有不少案例都在受感染後，引發肺炎、敗血症、腹膜炎等致死性極高的疾病。

抗藥性菌之中除了MRSA外，像是對多種藥劑有抗藥性的綠膿桿菌（P.36）：多重抗藥綠膿桿菌（MDRP）等，也對人類造成了很大的威脅。

菌產生抗藥性的原因

①投予濃度低的藥劑

病原菌漸漸習慣藥劑，獲得抗藥性

②在徹底痊癒之前停止服藥

如果在菌死亡之前停止服藥，就會只有獲得抗藥性的菌存活下來

③長期投予相同藥劑

長期投予相同藥劑，會提高抗藥性菌的發生機率

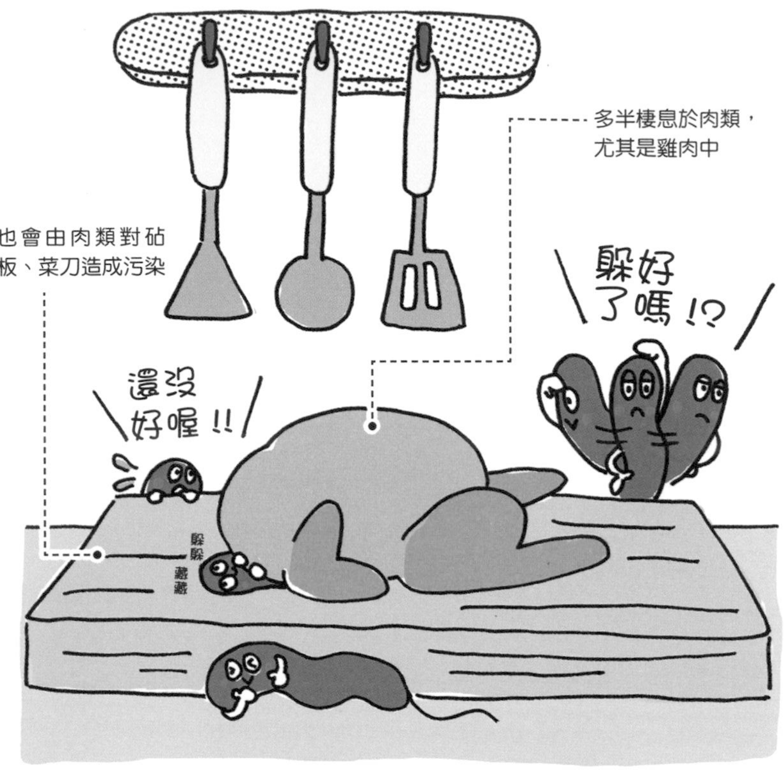

〔以「少數菁英」引發食物中毒！〕

曲狀桿菌

標準尺寸	0.2×5.0μm左右
發育溫度	34～43℃左右
主要住處	牛、豬、雞、羊、狗、貓等動物的消化道內。尤其雞的保菌率特別高

細菌 古細菌 真菌 病毒

嗜氧性 厭氧性

體內有鞭毛，具有運動性。基本上屬於厭氧性，但是在氧氣濃度3～15%的環境中仍可增生

貢獻度 ♥♡♡♡♡

危險度 !!!!!

在1982年被列為食物中毒菌，是造成曲狀桿菌症的原因

經由砧板、菜刀擴散

曲狀桿菌的菌體呈現S形，是棲息在動物腸道內的常在菌，被認為是造成家畜流產和腸炎的原因。**可是到了1970年代，卻也在罹患腸胃炎的人類身上檢測出這種細菌，於是曲狀桿菌從此被認定是也會傳染給人類的病原菌。**

最常因曲狀桿菌引發食物中毒的食材，是雞肉。曲狀桿菌通常只能在低氧環境中增生，而且也不耐乾燥，因此會在室溫空氣中死亡，並且能以加熱調理的方式滅菌。可是，一般病原菌要傳染給人類，入侵人體的數量必須要有10萬個以上，**但曲狀桿菌不僅只要少少幾百個左右就能感染，而且還會入侵雞的肝臟等部位**。因此，未經加熱的生雞肉多半都殘有曲狀桿菌，進而造成因生食受到感染的案例。

非但如此，曲狀桿菌還會經由處理過雞肉的菜刀、砧板，引起傳染給其他食品的「二次污染」，實在相當不好對付。

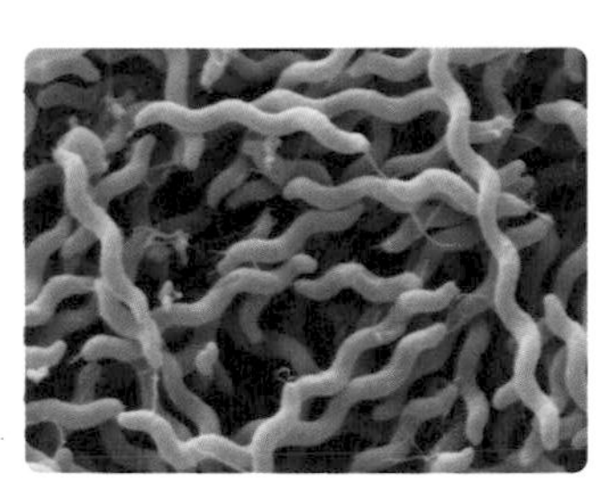

電子顯微鏡下的曲狀桿菌

螺旋狀構造的曲狀桿菌。名稱源自希臘文中表示「彎曲的棍棒」的單字

老夫要吃掉免疫力低落的孩子

猛爆型的致死率高，又稱「食人菌」

會引起傳染性膿痂疹和咽喉炎

〔急速令皮膚、肌肉壞死……〕

溶血性鏈球菌

標準尺寸 2.0μm左右

發育溫度 37℃程左右

主要住處 人類的鼻孔內等處。以飛沫感染、直接接觸感染的方式傳染

細菌 古細菌 真菌 病毒

嗜氧性 厭氧性

由球菌連結而成的鏈球菌的一種，是常見的常在菌。可是一旦體力下降，就會引發多種疾病

貢獻度 

危險度 ! ! ! ! !

除了免疫等疾病外，也會引發急性的致死性疾病

超可怕的「食人菌」

溶血性鏈球菌是由球體連結而成的鏈球菌，因為在培養時被發現會溶解紅血球，於是得其名。雖然有好幾種，不過一般來說，被稱為「溶鏈菌」的是A群β型溶血性鏈球菌（以下稱溶鏈菌）這個種類。溶鏈菌存在於喉嚨、皮膚等處，會對小孩子和抵抗力弱的大人發揮病原性。

每年到了空氣乾燥的冬天，就是溶鏈菌感染症流行的時候。**溶鏈菌之中，還有一種猛爆型、通稱「食人菌」的種類，會急速破壞細胞組織，引起皮膚、肌肉壞死及多重器官衰竭**。這種菌的致死率極高，然而目前關於其作用機制仍有許多疑點，因此專家們還在努力研究當中。

溶鏈菌還有其他症狀，像是在喉嚨增生所引發的咽喉炎、扁桃腺炎，以及傳染性膿痂疹（感染皮膚的細菌也轉移到其他地方）等等。由於主要是由感染者咳嗽進行飛沫感染，因此有可能發生擴大感染的情形。

溶鏈菌感染症的主要症狀	
喉嚨痛	溶鏈菌主要是感染喉嚨，所以喉嚨會出現劇烈疼痛
發燒	燒到38度以上，有時還會出現40度以上的高溫
起疹	全身都會出現搔癢的紅疹。一粒疹子的大小雖然在2mm以下，但相鄰的疹子會連成一片，讓整片皮膚都發紅

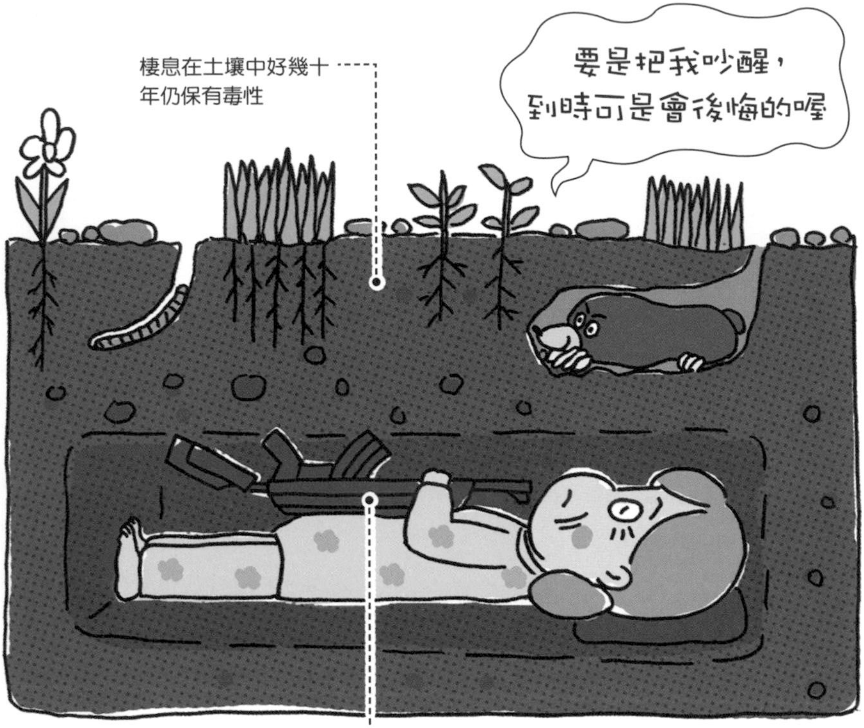

棲息在土壤中好幾十年仍保有毒性

要是把我吵醒，
到時可是會後悔的喔

一旦醒來傳染給人類，有時還可能致死

〔長年潛藏在土壤中的「黑色惡魔」〕

炭疽桿菌

標準尺寸	1.2×5.0 μm 左右
發育溫度	37℃ 左右
主要住處	存在於全世界的土壤中，會經由牛、馬等草食動物傳染給人類

細菌　古細菌　真菌　病毒

嗜氧性　厭氧性

種類超過1000種，是成為炭疽症的病原體的細菌。與發現細菌有致病能力一事有關

貢獻度 

危險度

甚至被用來作為生化武器的危險細菌，但是多數的抗生素皆有效

儘管在日本國內已絕跡，但是……

炭疽桿菌是在1876年，由德國細菌學家羅伯・柯霍所發現。只要棲息環境變差就會形成芽孢的炭疽桿菌，對於熱和乾燥具有很強的抵抗力，能夠在土壤中生存很久。

從土耳其到巴基斯坦這片炭疽桿菌的高污染地區（通稱炭疽帶），每年都會出現感染者。**幾乎所有的炭疽症，都是傷口接觸到受污染土壤所感染的皮膚型炭疽**。炭疽桿菌從傷口入侵後會發芽，一邊吸收體內的營養素一邊急速增生。從類似被蟲叮咬的紅色腫包開始，最後讓皮膚發黑壞死。**如果沒有進行適切的治療，毒素會隨著血液流遍全身，最壞時還有可能致死**。

日本在1994年後就沒有再發現對人感染的案例，可是美國在2001年，卻發生了將炭疽桿菌裝在包裹中使人感染的生物恐怖攻擊，結果造成5人喪生。

存在許多炭疽桿菌的區域

歐洲	從西班牙中部到希臘，土耳其到伊朗、巴基斯坦一帶
非洲	非洲大陸的赤道地區。辛巴威在1979年流行過炭疽症

微生物研究的黑歷史
生化武器是什麼樣的東西？

人類不只是為了豐富生活而研究微生物，同時也進行了利用微生物來殺害人類的生化武器的研究。生化武器和核武、毒氣等化學武器一樣，是能夠殺害許多人的「大規模殺傷性武器」之一。

至今被利用來製造生化武器的微生物，有引起炭疽症的炭疽桿菌（P.68）、造成14世紀「黑死病」大流行的鼠疫桿菌等等。那些生化武器有以下三項特徵。

1 自動擴大影響範圍

會透過人傳人的感染方式自動擴大影響範圍這一點，是其他武器所沒有的最大特徵。由於感染症有潛伏期，因此有可能在不知不覺間擴散感染。又因為也能利用飛機、電車等交通工具傳染到遠方，所以交通網愈發達的地區，所受到的影響愈大。

2 能夠以低價輕易製造出來

和其他武器的製造設施相比，微生物的培養設備的成本很小。另外，一般人可能以為培養需要專業知識，但其實只要把技術知識寫成手冊，然後照著去做，就能輕易培養出某些微生物。即使是小規模的組織，只要有設備和手冊，就能輕易製造出生化武器。

3 引起社會恐慌

假使感染人數變多，像是醫療崩壞、交通和物流的癱瘓、產業活動停止等等，整個社會將喪失正常功能，並且引發大規模的恐慌。

由於生化武器具有如此危險的特徵，因此國際法規明令禁止開發和使用，但很遺憾的是，還是有些國家和地區並未批准實施這方面的國際法規。

在2020年的新型冠狀病毒（P.78），讓人們重新認識到感染症會對國家、地區帶來多大影響力的今日，我們或許需要對於生化武器抱持更多的警戒心。

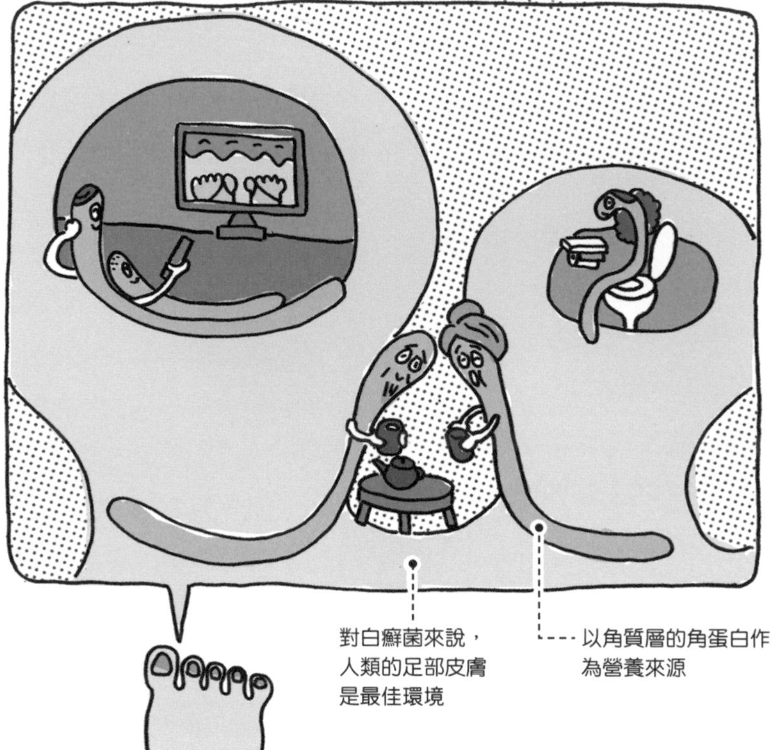
人類的腳住起來最舒服了～☆
對白癬菌來說，
人類的足部皮膚
是最佳環境
以角質層的角蛋白作
為營養來源

〔足癬的成因是……黴菌 !?〕

白癬菌

標準尺寸 5.0μm 左右

發育溫度 25～27℃ 左右

主要住處 棲息在皮膚表面、毛髮、指甲等有角蛋白這種蛋白質的地方

細菌 | 古細菌 | **真菌** | 病毒

嗜氧性 | 厭氧性

一旦開始在人體增生，就會引起伴隨搔癢的發炎症狀。一陣子之後發炎症狀會消退，進入共生狀態

貢獻度 ♥♡♡♡♡

危險度 !!!!!

寄生於角質層，引起皮膚病。雖然手腳都會感染，但有9成都是腳

足癬遲遲好不了的原因

據說每5個日本人之中就有1人罹患的**足癬**，**其成因是寄生在人體上的真菌白癬菌**。因為會在皮膚上延伸菌絲增生，所以又被稱為「皮膚絲狀菌」，並且會隨感染部位的不同，而有股癬（胯下白癬）、足癬（足部白癬或指甲白癬）等不同的名稱。

白癬菌多半是經由共用的毛巾、拖鞋附著在皮膚上，並且以角質中名為角蛋白的蛋白質作為營養來源，進行增生。除了皮膚表面外，也會寄生在富含角蛋白的指甲、體毛上。不僅如此，一旦「潮濕的環境」、「沒有保持清潔」等條件都具備了，白癬菌會在附著後1～2天內入侵、感染角質層。足部受到感染的人之所以很多，是因為對白癬菌而言，鞋子裡面是非常理想的棲息環境。

此外，生命力很強也是白癬菌的特徵。**即使以為症狀痊癒了，有時也只是躲在角質層深處活動而已，不久後又會再度增生**，因此一旦感染上就很難徹底痊癒。

足部白癬和指甲白癬的樣子

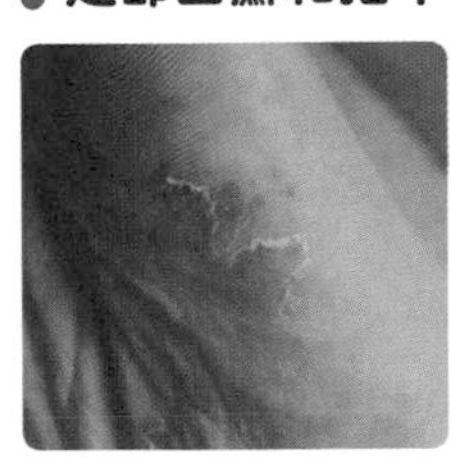

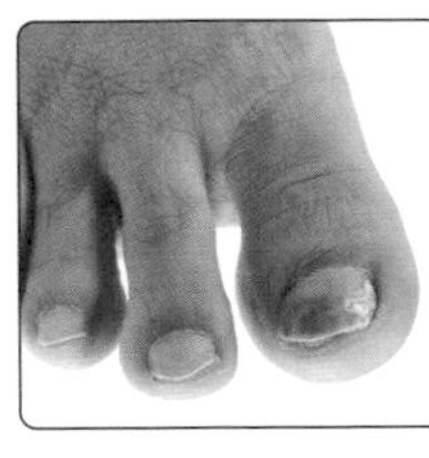

如果長時間處於濕度高、不衛生的狀態，就會感染足部白癬和指甲白癬，並且惡化下去

對疲勞的女性落井下石！

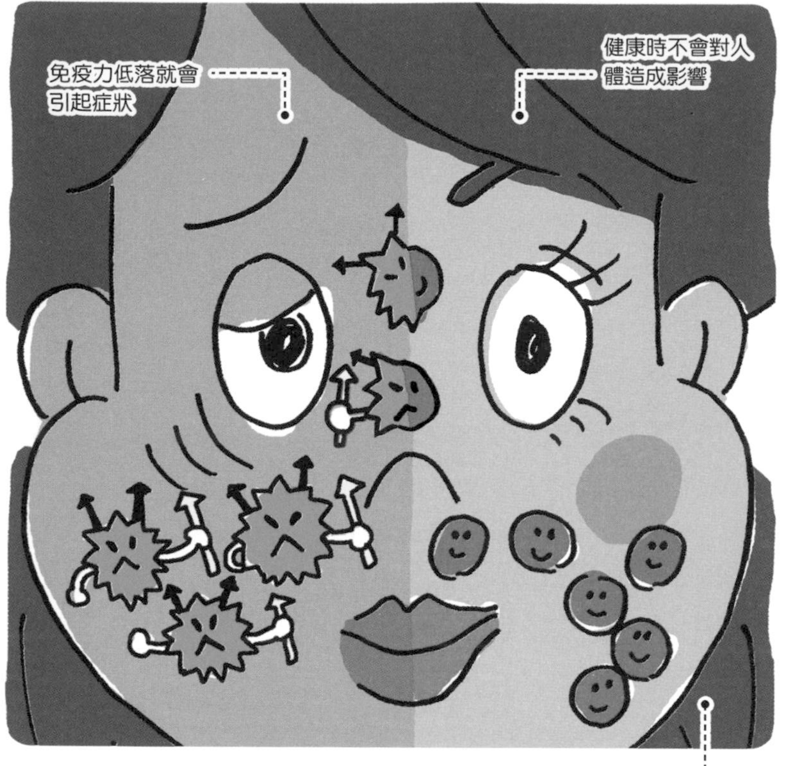
免疫力低落就會
引起症狀
健康時不會對人
體造成影響

症狀好發在女性身上

〔體力一衰退，壞蛋就上門〕

念珠菌

最大尺寸	3.0×10 μm 左右
發育溫度	25～31℃ 左右
主要住處	容易在人類的口腔、消化道、鼠蹊部、陰部等潮濕部位增生

細菌 | 古細菌 | 真菌 | 病毒

嗜氧性 | 厭氧性

雖然也會棲息在健康的人身上，但只有免疫力低落才會發病。容易一再復發

貢獻度 ♥♥♡♡♡
危險度 !!!!!

平常就存在於人體中，會在身體狀況不佳時引發疾病

條件一旦俱全就會增生、活化！

念珠菌棲息在口腔、腸道、陰道內等。平時活動受到乳酸菌（P.90）的抑制，可是一旦因**疲勞、壓力使得免疫力下降，念珠菌就會增生，進而引發疾病**。這就是令許多女性煩惱的念珠菌症。這種疾病雖然也是經由性行為感染的性病之一，但是也有許多自然發生的案例。

念珠菌容易增生的原因是免疫力低落，再加上**「腸內環境惡化，乳酸菌減少」**、**「緊貼皮膚的內褲創造出高溫多濕的環境」**等條件。以女性來說，念珠菌症容易發生在外陰部和陰道，會出現疹子和白色優格狀的分泌物。另外，如果是發病在口腔內，則會產生舌頭被白色苔狀膜覆蓋的症狀。

男性雖然很少發病，但偶爾也會引發性器官搔癢和尿道炎。由於抓撓有可能使病情惡化，因此建議還是即早接受治療。

念珠菌症容易發病的部位

發生在口腔、陰部黏膜、鼠蹊部、腋下、鬆弛的腹部等高溫多濕的場所

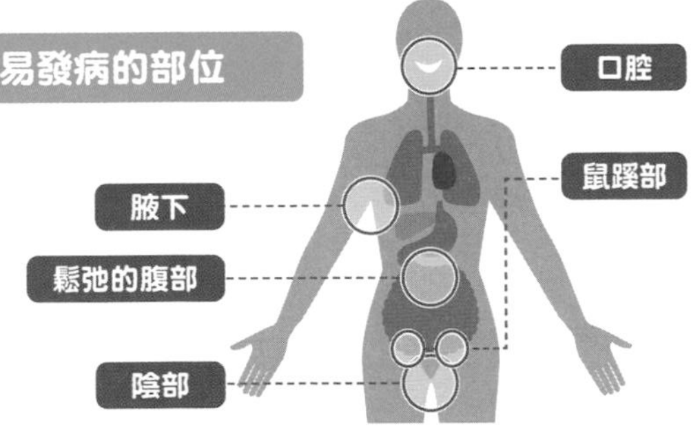

第
3
章

有沒有疏於預防
流感的傢伙啊～
就像一到冬天
就會想到的
生剝鬼節一
樣，大致分成
ABC三種
C型幾乎只會傳染
給小孩
A型容易演變
成重症
最早的宿主
是水鳥

〔每年性質都會改變的怪傢伙〕

流感病毒

標準尺寸	90～120nm 左右
發育溫度	—
主要住處	地球上各個地方。以飛沫感染、接觸感染的方式傳染

細菌 古細菌 真菌 **病毒**

嗜氧性 厭氧性

這種病毒原本棲息在鴨子等水鳥的腸道內，後來突然變異，獲得對人類呼吸器官的感染性

貢獻度 ♥♡♡♡♡

危險度 ！！！！！

在日本主要流行於冬季。致死率不高，但是對高齡者來說很危險

時常變化，每年都會流行

每年冬天都會在全世界大流行的流感，是**人畜共通傳染病之一，會出現高燒、關節疼痛等全身症狀**。其成因流感病毒大致分為A～C型，其中特別容易造成流行的是A型。

A型流感病毒的表面，有著由名為血球凝集素（HA）和神經胺酸酶（NA）的蛋白質所構成的細小突起。會附著在宿主的細胞上，藉著HA讓病毒基因入侵細胞內，以及NA讓細胞釋放出病毒的作用，不斷進行增生。

然而，由於HA和NA的性質經常變化（小變異），**因此即使曾經感染並獲得免疫力，還是無法對抗新性質的流感病毒**。

另外，和小變異不同，有時也會出現完全嶄新的類型。在大變異下誕生的種類稱為新型流感，於2009年造成大流行、起源自豬隻的流感也是其中之一。

A型、B型、C型流感的差異

A型	B型	C型
容易出現高燒、惡寒等劇烈症狀。病毒幾乎都會變異，所以免疫系統很難發揮作用，容易造成大流行	症狀比A型輕微，會產生腹瀉、腹痛等症狀。因為不易變異，所以可透過接種疫苗有效預防	症狀輕微，大概是流鼻水的程度。只要獲得免疫力就終生有效，因此大人幾乎不會感染

稱霸南極以外所有大陸
※截至2020年6月為止
冠狀病毒大軍
以新型冠狀病毒為首的現代代表性傳染病
在全世界大為肆虐

第

章

〔在全世界引起流行病大爆發〕

冠狀病毒

標準尺寸	100～200nm 程度
發育溫度	—
主要住處	地球上各個地方。以飛沫感染、接觸感染的方式傳染

細菌　古細菌　真菌　**病毒**

嗜氧性　厭氧性

一共有7種，其中4種是引起日常感冒的病毒，剩下3種則會引發嚴重的肺炎

貢獻度 ♥♡♡♡♡
危險度 !!!!!

SARS、MERS的致死率非常高。COVID-19的致死率目前仍不明

侵襲全世界的「冠狀病毒」的真面目

冠狀病毒是引起一般感冒，以至肺炎等嚴重症狀的病毒群的總稱。因病毒表面排列著棍棒狀的突起，外觀類似太陽（corona）而得其名。和流感病毒（P.76）一樣，有著容易變異的特徵。

目前經確認的冠狀病毒一共有7種。其中，由動物傳染給人之後，會在人與人之間傳染的是SARS（嚴重急性呼吸道症候群）和MERS（中東呼吸症候群）。這兩者都是經由**飛沫感染或接觸感染擴散，引發高燒和肺炎等症狀**。至今尚未開發出有效的疫苗和治療藥物，SARS約有10%、MERS約有35%的高致死率。

不僅如此，2019年又發生了第7種冠狀病毒的群聚感染。這種名為**COVID-19（新型冠狀病毒感染症）的傳染性肺炎引發全世界的大流**行，有許多人因此染病喪生。

新型冠狀病毒的特徵

- 即使感染了，多數人也不會出現症狀。就算有出現，大多也是咳嗽、發燒等輕症
- 若是高齡者和糖尿病等慢性病患者，肺炎會急速惡化，需要戴上人工呼吸器
- 70歲以上的感染者之中，有將近10%會在幾周內死亡

享用生蠔時要特別小心我
主要經由牡蠣
感染
對於酒精消毒
具有抵抗力

〔好發於冬天、感染力最強的病毒〕

諾羅病毒

標準尺寸	30nm 左右
發育溫度	—
主要住處	人類的消化道、河口附近的雙殼貝之中。以飛沫感染、接觸感染的方式傳染

細菌 古細菌 真菌 **病毒**

嗜氧性 厭氧性

耐乾燥和熱，在自然環境下也能長時間保持活性。感染力強，少量病毒也能進行感染

貢獻度 ♥♥♥♥♥
危險度 !!!!!

很難利用酒精和加熱消毒，會引起集體食物中毒

酒精消毒無效!?

諾羅病毒的直徑約30nm，在病毒之中體型特別小，被稱為「小型球形病毒」，因為會引起食物中毒而為人所知。相對於起因為細菌的食物中毒多半出現在夏天，喜歡低溫和乾燥的諾羅病毒則有在冬天流行的傾向。

病毒是以有沒有由脂質或蛋白質構成的外套膜（P.25）來分類，但是諾羅病毒並沒有這個膜。沒有外套膜的病毒很難以消毒藥消滅，**而諾羅病毒也對於酒精消毒有很強的抵抗力**。

另外，諾羅病毒只要少量就會感染、發病，所以也屢屢成為集體食物中毒的原因。主要是因為**未經充分加熱就食用遭諾羅病毒污染的牡蠣等食物，或是接觸到感染者的嘔吐物而被感染**，然後出現腹瀉、嘔吐等症狀。這些症狀，是身體想要將胃腸內增生的病毒排出去，所產生的防禦反應。

諾羅病毒的預防方式

充分加熱

以85～90℃加熱90秒以上。確實進行加熱烹調

確實洗淨

勤於清洗砧板、菜刀等烹調器具，並且進行消毒

仔細地洗手

下廚前要先洗手。有嘔吐、腹瀉等症狀的人不要下廚

接種過疫苗的人
就算被咬也不怕
因為被狗咬而發病
疫
苗
疫苗可發揮幾乎100%
的預防效果

〔從西元前就一直折磨人類〕

狂犬病病毒

標準尺寸 75×180nm 左右

發育溫度 —

主要住處 除了狗之外，也會經由貓、蝙蝠、猴子等感染。不會人傳人

細菌 古細菌 真菌 **病毒**

嗜氧性 厭氧性

幾乎全世界都有分布，不只是人和狗，許多的哺乳類都會受到感染。不耐乾燥、熱和酒精

貢獻度 ♥♥♥♥♥

危險度 !!!!!

如果被感染了，沒有接種過疫苗者幾乎都會死亡

致死率100%。要如何避免呢？

狂犬病一旦發病，幾乎100%會致死。這種可怕疾病的起因是狂犬病毒，目前已知約莫4000年前就已經存在了。日本國內自從1957年以後就沒有再出現感染案例，但是即使到了今天，在中國、印度等地，全世界每年仍有超過5萬人死於狂犬病。

狂犬病是幾乎所有哺乳類都會受到感染的人畜共通傳染病。被感染狂犬病毒的動物咬過後，會經由其唾液受到感染。病毒會從傷口經由末梢神經到達脊髓和大腦，開始增生。一旦神經遭到攻擊、引發病毒性腦炎，就會**開始發燒**、**知覺異常**，**而且一喝水喉嚨就會出現強烈的痙攣反應**，**因此會產生極度害怕水的「恐水症」等症狀**。之後，意識會變得混亂，且幾乎所有感染者都會死亡。

狂犬病即使到了2020年的今日，依然沒有確切找出發病後的治療法，因此在出國之前，還是有必要接種疫苗以防萬一。

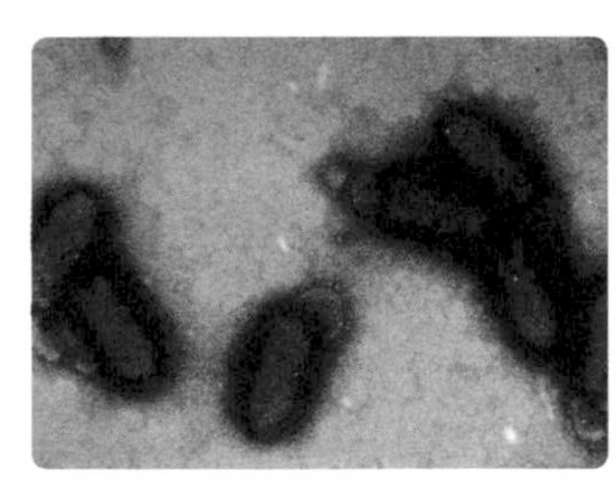

電子顯微鏡下的狂犬病毒

狂犬病毒的形狀像子彈

虧我只差一點就能更新長跑紀錄了……

1000年

2000年

傳染力、持久力非常強

人類在1980年代首次撲滅成功

〔人類首度戰勝的傳染病〕

天花病毒

標準尺寸 300～350nm 左右

發育溫度 —

主要住處 現在已不存在於自然界中，只能在美國和俄羅斯的研究所見到

細菌 古細菌 真菌 **病毒**

嗜氧性 厭氧性

遠從日本平安時代（794年～1185年）、室町時代（1336年～1573年）就出現的天花。致死率高達20～50%

貢獻度 ♥♥♥♥♡

危險度 ！！！！！

一旦感染天花，全身都會出現蓄膿的水泡

曾經是人類長久以來的敵人……

和狂犬病一樣，天花從西元前就一直是令人害怕的疾病。流傳在世界上的，主要是致死率30～40％的重症型Variola major，以及致死率1％左右的Variola minor這兩種病毒。除了空氣感染和飛沫感染外，也會經由共用的衣服、毛巾，和皮膚接觸而感染。**未接種疫苗的密切接觸者的發病率為85％，感染力十分驚人**，因此在歷史上，有好幾度都在世界各國引發大流行。

一旦感染天花病毒，首先會出現發燒、頭痛等初期症狀，然後全身都會散布名為膿泡的疹子。接著出現嚴重的發炎症狀，最後引起休克、多重器官衰竭，甚至是喪命都不足為奇。即使能夠平安痊癒，也會留下重度疤痕這樣的後遺症。

天花病毒雖然折磨了人類約莫3000年，不過在全球性的預防接種之下，**1980年，WHO已宣布病毒根絕。這也成為人類至今唯一根絕病毒的例子**。

死於天花病毒的歷史人物

歷史上有許多人物都死於天花。雖然不在下記的死亡名單內，不過前蘇聯的史達林臉上的痘疤，也被猜測是感染天花所造成的

- **藤原道信**……　平安時代中期的貴族、歌人。994年歿
- **島津常久**……　日置島津家第三代當家。1614年歿
- **路易15世**……　法國國王。1774年歿
- **孝明天皇**……　日本第121代天皇。1866年歿

Column

病毒在生物進化上扮演的重要角色

病毒並非全部都是危險角色。非但如此，還有可能在生物進化的過程中，肩負起非常重要的任務。

其實，生物的基因中含有許多來自病毒的遺傳情報。由於有些病毒會將自己的遺傳情報，置入寄生細胞的基因中來增生，因此如果是寄生在生殖細胞上，病毒的遺傳情報就會被傳承給宿主的子孫。有時，甚至可能會改變宿主生物的身體構造。

以往的進化論認為，生物是由微小的基因變異累積進化而成。可是，這個理論卻在近年遭到推翻，人們開始認為各種因素造成的大型基因變異，才真正掌握了進化的關鍵。而病毒將遺傳情報置入生物內也是其因素之一，被稱為「病毒進化論」。

其實我幾乎
都是人工栽培喔

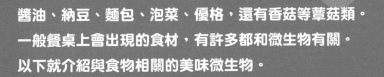

第4章

美味的微生物

醬油、納豆、麵包、泡菜、優格，還有香菇等蕈菇類。
一般餐桌上會出現的食材，有許多都和微生物有關。
以下就介紹與食物相關的美味微生物。

第4章

「腐敗」和「發酵」是相同現象!?
令食物的味道和養分產生變化的微生物

想必每個人都有過不小心把食物放到腐壞的經驗吧。這種食物腐壞，也就是「腐敗」的成因，是因為微生物在食物中增生。另一方面，製作納豆、泡菜所需要的「發酵」，則是人刻意讓微生物在食物中增生。所以，「腐敗」和「發酵」基本上是相同現象，只是其中人可以食用的稱為發酵，不能食用的稱為腐敗。**產生發酵後，增生的微生物會分解食物中所含的養分，並且使其增加、發生變化**。如此一來就會產生變質，變得比原本的食物更好消化、吸收，風味和養分也會提升。

還有另一個和微生物大有關聯的食物是蕈菇類。**蕈菇是由無數如果只有一個會小到看不見的微小真菌，大量集結而成的集合體**。至於香菇、松茸的差別，在於集合的真菌種類不同。

腐敗和發酵的差異，以及發酵的效果

【好處多多的發酵食品】

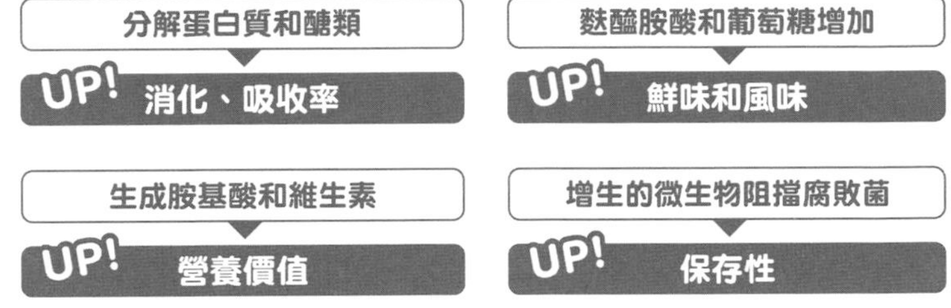

微生物製造出來的食品

發酵食品早在人們得知微生物的存在之前，就已經在全世界被廣泛製作了，而且有許多都是該國的傳統食材和料理

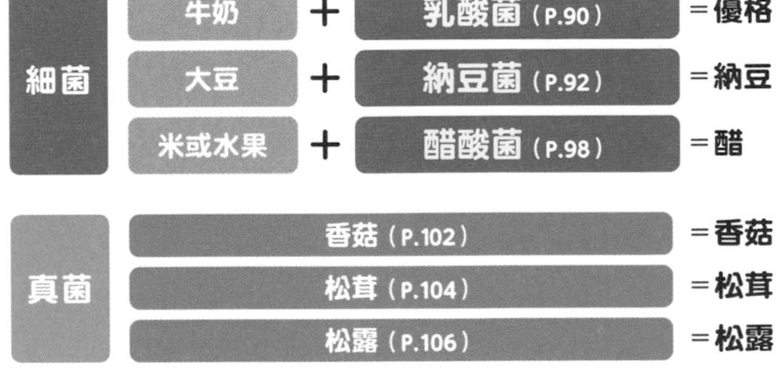

用優格來調整腸內環境吧♪

優格的著名產地是保加利亞
MILK
乳酸菌能夠製造出優格

〔製造出優格、乳酪的可愛女孩〕

乳酸菌

標準尺寸 1.0μm左右

發育溫度 依種類而異

主要住處 像是人類和動物的腸道內、植物、土壤中等等，存在於各個地方

細菌 | 古細菌 | 真菌 | 病毒

嗜氧性 | 厭氧性

從醣類、胺基酸等製造出乳酸菌的細菌類總稱。和優格、醬菜等食品的發酵有關

貢獻度 ♥♥♥♥♡

危險度 !!!!!

有許多有益身體的功用，亦能維持腸內環境的健康

伴隨人類歷史演進的乳酸菌！

會引起分解醣以產生出大量乳酸的「乳酸發酵」現象的細菌，統稱為乳酸菌。據說是17世紀由荷蘭科學家雷文霍克所發現，不過因為在那之前，人們就開始食用利用乳酸發酵製造出的優格、乳酪了，所以**乳酸菌堪稱是自古便支撐人類飲食生活的微生物**。

目前已經確認的乳酸菌多達100種以上，由於生長時需要多種胺基酸和維生素，因此都是棲息在能夠獲得養分的動物腸道和水果之中。**乳酸菌除了能夠生成乳酸、活化大腸的功能，也有提升免疫力、抑制過敏症狀的效果，是代表性的益生菌之一**。不只是具備健康效果，因為還能透過乳酸發酵創造出清爽的風味，所以像是醬油、天然釀造味噌、米糠醬菜等等，也被利用來生產各式各樣的發酵食品。至今仍有新種的乳酸菌陸續被發現，期待那些微生物今後也能在促進健康方面發揮功效。

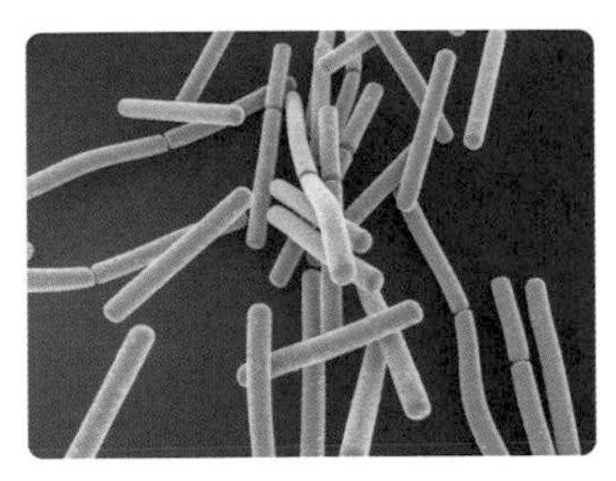

備受矚目的R-1乳酸菌

R-1乳酸菌不僅有調整腸內環境的作用，也有提升免疫力、預防風濕的效果，是當前備受矚目的新寵兒

大豆只要和納豆菌在一起，納豆菌就會增加，而大豆會變成納豆
我的心中只有妳！
納豆菌有耐熱性

〔日本人的「國民偶像菌」〕

納豆菌

標準尺寸	1.0μm 左右
發育溫度	40℃ 左右
主要住處	主要棲息在稻稈上。其他像是空氣中、土壤中等等，亦存在於各處

細菌 | 古細菌 | 真菌 | 病毒

嗜氧性 | 厭氧性

在附著於枯草、稻稈上的枯草菌之中，用來製造納豆的菌的總稱。有非常多不同的種類

貢獻度 ♥♥♥♥♡

危險度 !!!!!

可預防造成腦梗塞的血栓，抑制病原性大腸桿菌增生

發酵「不畏熱」的大豆

從平安時代（794年～1185年）就開始為人所食用的納豆，自古便深受日本人的喜愛，而用來讓大豆發酵的是納豆菌。傳統製法是用稻稈包覆煮過的大豆，以大約40℃保溫。納豆菌會在稻稈中增生，發酵後納豆就完成了。順道一提，在發酵階段，**納豆菌會製造出黏稠絲狀物中所含的納豆激酶、胺基酸、維生素K_2等等**。

目前最常見的做法，是使用人工培養的納豆菌來製作，其中「宮城野菌」、「成瀨菌」、「高橋菌」這日本三大納豆菌是最多廠商所使用的。納豆菌因為會製造芽孢，所以耐熱，即使煮過也不會死亡。因此，利用煮的步驟殺死其他菌，只讓納豆菌增生，被視為最有效率的生產方式。

另外，納豆菌也能成為乳酸菌（P.90）等的食物。作為食品的營養價值高，**同時又能幫助益生菌增生，這樣的納豆菌可以說對於維持身體健康相當有助益**。

對身體有益！納豆菌的健康效果	
納豆激酶	預防造成腦梗塞、心肌梗塞的血栓
維生素K_2	預防骨質疏鬆、動脈硬化的效果可期
胺基酸	促進鈣質等礦物質的吸收
納豆菌	抑制有害的腸道細菌，增加乳酸菌等有用的腸道細菌。另外，也有抗癌效果和提升免疫功能的功效

必須在發酵中進行處理

與製造酒、味噌、醬油有關的杜氏相似

分解澱粉，轉換成醣

〔支撐和食文化，日本的黴菌代表〕

標準尺寸	—
發育溫度	依種類而異
主要住處	存在於日本各處。尤其乾燥的地方最多

細菌｜古細菌｜**真菌**｜病毒

嗜氧性｜厭氧性

將分解澱粉、蛋白質得到的葡萄糖、胺基酸當成營養來源，進行增生

貢獻度 ♥♥♥♥♡

危險度 !!!!!

在日本，麴自古便被當成用來製作調味料和釀酒用的真菌

這不是腐壞，而是糖化

和青黴菌（P・130）同樣大名鼎鼎的麴菌，在野外會在落葉、動物糞便中增生，在室內則會在腐爛的食品中繁殖。**由於會從擴散成掃帚狀的菌絲前端，大量製造出能夠分解澱粉、蛋白質的酵素**，因此某些特定的麴菌會被用來釀造日本酒、燒酌、泡盛等酒類，以及味噌、醬油等發酵食品。

以日本酒為例，其做法是將麴菌撒在蒸好的米上面來製造「麴」，然後藉由混合「麴」和米，將米的澱粉分解成葡萄糖。在日本飲食文化中不可或缺的麴菌，被日本釀造學會認定為「國菌」。

另一方面，像是造成產生氣喘、肺炎、出血性壞死等症狀的「麴菌病」等等，麴菌有時也會引發疾病。除此之外，還有一些麴菌同類對人體有害，會在食品上產生黴菌毒素，也有的會成為家畜、植物生病的原因。

電子顯微鏡下的麴菌

位於前端的是黴菌的種子，也就是孢子

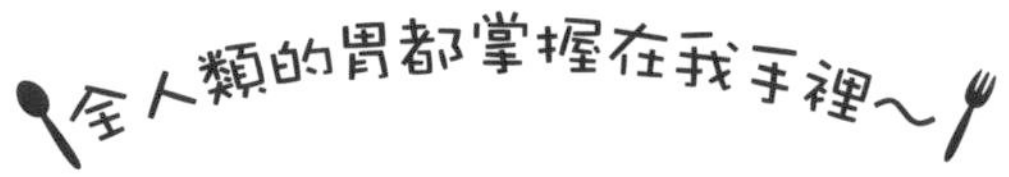

酵母菌的形狀很像丸子頭

製作麵包不可少的材料

〔在麵包和酒中表現活躍！發酵食品的關鍵角色〕

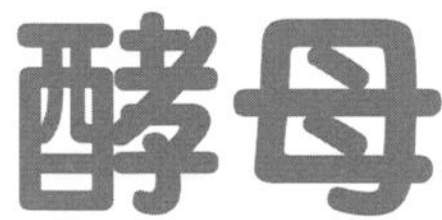

標準尺寸 5.0μm左右

發育溫度 依種類而異

主要住處 存在於地球上各個角落。在自然界中，大多出現在果實等有糖分的周圍

細菌｜古細菌｜**真菌**｜病毒

嗜氧性｜**厭氧性**

酵母本來是單細胞真菌的總稱，不過一般多半意指食品加工用的菌

貢獻度 ♥♥♥♥♡

危險度 !!!!!

用來製作麵包，以及釀造啤酒、葡萄酒、醬油等

名為發酵的煉金術

酵母是存在於空氣中、土壤、水中等，無所不在的單細胞真菌類的總稱。因為**會產生分解醣類、製造出乙醇（酒精）和二氧化碳的發酵作用**，所以被用來製作酒、麵包等發酵食品。

酵母在學術上被發現，據說是在17世紀的歐洲，但其實人類早在那之前就已經利用自然界的酵母來釀酒了。現在發酵食品所使用的酵母，是將適合烹調的種類從自然界分離後人工培養而成。例如，製作麵團的麵包酵母、適合釀造日本酒的清酒酵母、用來製作葡萄酒的葡萄酒酵母等等。其中，有些生產者為了創造出獨特的風味，會使用未經人工培養的「天然酵母」。

酵母雖然用處很多，但就原本是「單細胞真菌類的總稱」這層意義而言，酵母和馬拉色菌（P.38）、念珠菌（P.74）等都是同類，所以也存在著對人類具有病原性的種類。

依酒的種類不同而異的酵母種類	
威士忌酵母	在比其他酒類較高的17～35℃下發酵，產生出6～9%的酒精濃度。之後會再進行蒸餾以提高濃度
啤酒酵母（上層發酵酵母）	在15～25℃下發酵，酒精濃度4～8%。被使用在皮爾森啤酒等拉格啤酒的製法上
啤酒酵母（下層發酵酵母）	在5～15℃下發酵，酒精濃度4～8%。被使用在愛爾淡啤酒、IPA等的製法上
葡萄酒酵母	在約10～12℃下發酵，酒精濃度10～12%。多半是利用附著在葡萄上的天然酵母進行發酵

讓我來實現你的健康與美麗吧♥

製作有益美容和健康的醋

製作椰果的也是醋酸菌

醋

〔製造出「最古老的調味料」：醋〕

醋酸菌

標準尺寸 5.0μm左右

發育溫度 依種類而異

主要住處 存在於地球上各個角落。也能在花朵、果實中發現到

細菌｜古細菌｜真菌｜病毒

嗜氧性｜厭氧性

和乳酸菌（P.90）、納豆菌（P.92）一樣，都是促進食品發酵的菌。廣泛存在於自然界

貢獻度 ♥♥♥♥♡ 將葡萄酒、日本酒中所含的酒精轉換成醋

危險度  

過敏治療的救世主⁉

醋是由以穀物、果實為原料的釀造酒製造出來的。這時，**釀造酒中能夠分解酒精、製造醋酸的細菌，統稱為醋酸菌**。除此之外，還可以利用醋酸菌發酵醣類、製造纖維素纖維的性質，生產椰果、紅茶菌（康普茶）。

醋酸菌存在於自然界中，會在酒精濃度低的酒表面像是鋪上一層膜地增生，有時也會讓醋產生變性。有句話說「釀酒失敗會變成醋」，便是醋酸菌的性質所造成的現象。由於醋酸菌具有這樣的性質，所以早在西元前4000年左右，醋就和釀酒幾乎同個時期被製造出來，並在不久後就被用來製作保存食品。

近年來研究發現，革蘭氏陰性菌（P．22）有減緩花粉症等過敏症狀的效果，然而那些幾乎都是沙門氏菌（P．136）等有毒的菌。因此，既是革蘭氏陰性菌，又對人體沒有不良影響的醋酸菌，如今被積極運用在過敏治療上。

何謂革蘭氏陰性菌

如同P.22所介紹的，進行將細菌染色來分類的「革蘭氏染色法」時，變成紫色的為革蘭氏陽性，看起來是紅色的為革蘭氏陰性，而這反映出了細胞壁構造的不同。一般而言，革蘭氏陰性菌的細菌病原性較高，革蘭氏陽性菌則多半沒有那麼危險

●革蘭氏陰性菌… **醋酸菌／沙門氏菌／大腸桿菌／霍亂弧菌**

●革蘭氏陽性菌… **乳酸菌（比菲德氏菌）／納豆菌／轉糖鏈球菌／葡萄球菌（表皮、金黃色）**

Column

由米釀成的日本酒中有水果香氣!? 微生物界的芳療師：酵母

日本酒之中格外高級的吟釀酒和大吟釀酒，帶有水果般香甜清爽的「吟釀香」。可是，日本酒明明是由米釀製而成，為什麼會散發水果般的香氣呢？

日本酒的釀造和麴菌（P.94）、乳酸菌（P.90）等各種微生物有關，不過最終製造出酒精的是酵母（P.96），另外還會形成副產物，也就是名為酯的化合物。而這個酯就是創造出吟釀香的主要成分。

酯大多具有氣味，比方說，從澱粉製造出來、名為己酸乙酯的酯有蘋果香，從胺基酸製造出來的乙酸異戊酯則有香蕉般的氣味。由於米中富含澱粉和胺基酸，因此會經由酵母製造出各式各樣的酯，讓日本酒也散發出水果般的香氣。

每款日本酒都各自有不同的香氣，

而除了米的狀態和製造過程外，香氣也會隨酵母的種類產生很大的變化。因此，我們可以配合想要呈現出來的香氣，來挑選最適合的酵母。作為主要選項的，是由日本釀造協會頒布為「協會酵母」的酵母。協會酵母是以從傳統酒廠採集來的酵母培養而成，以香氣、味道傾向細分，種類一共多達幾十種。其中還有「高酯生成酵母」這種會製造出許多酯的酵母，專門用來釀造香氣強烈的日本酒。

另外，製作麵包也和酵母有關，而使用的酵母種類同樣也會大大影響麵包的香氣。因此，有些麵包師傅會為了做出風味更有層次的麵包，以附著在水果上的野生酵母來取代市售酵母菌。

香氣是飲食很重要的元素，而享受香氣也是一種文化。換句話說，不只是製造酒和麵包，酵母或許也可以算是釀造文化的微生物。

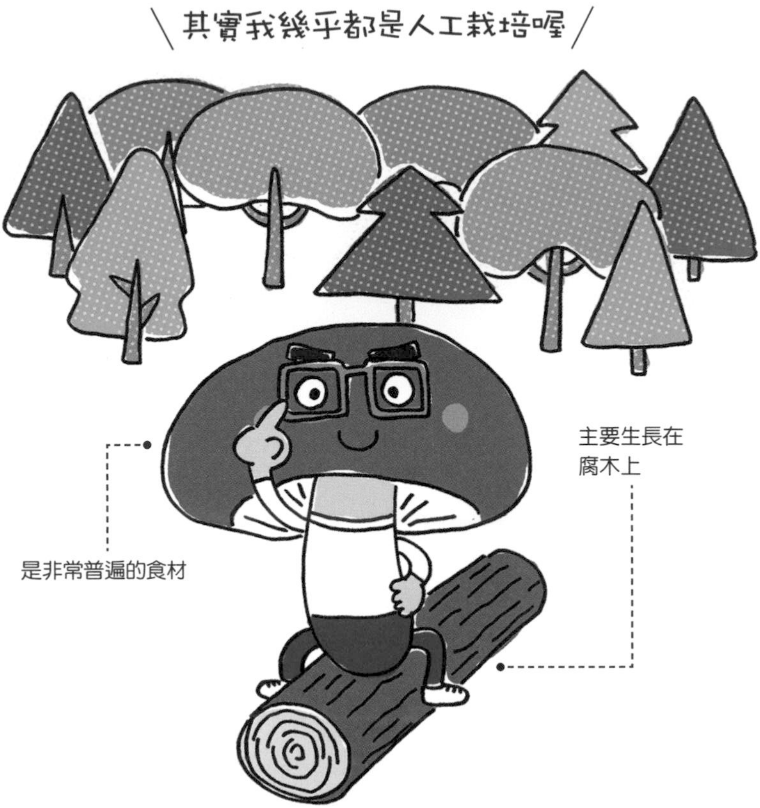

＼其實我幾乎都是人工栽培喔／

主要生長在腐木上

是非常普遍的食材

〔充滿鮮味的微生物〕

香菇

（腐生菌）

標準尺寸	—
發育溫度	25～28℃ 左右
主要住處	在自然界，有少數存在於長尾栲、水楢木、麻櫟的倒木上

細菌　古細菌　**真菌**　病毒

嗜氧性　厭氧性

以長約1m的闊葉樹為原木接種種菌，等待菌絲體長大。需花費3～4年才能收成

貢獻度 ♥♥♥♡♡

危險度 

便宜且食用機會多，鮮味成分能夠製成高湯等等，用處很多

食用香菇主要為人工栽培

平時餐桌上常見的蕈菇類，也是微生物的一種。和蔬菜等植物不同，我們是稱呼由菌絲組合而成的「子實體」為蕈菇，並加以食用。所以，**香菇也被定義成「香菇菌的子實體」**。

香菇在以日本、中國、韓國為中心的東亞地區，是十分常見的食用菇類。以枯葉、木材等有機物作為營養來源，是能夠人工栽培的一種腐生菌。目前生產方式分為兩種，一是將菌植入名為「榾木」的原木段的原木栽培，另一種則是在人工培養基內撒木屑的菌床栽培。**在自然界，香菇會生長在長尾栲、水楢木、麻櫟等闊葉樹的倒木或樹樁上**，但是野生香菇非常罕見。由於外觀和日本臍菇這種毒菇相似，因此食用在山上採摘的菇類時要十分小心。

香菇基本上被視為沒有毒性，但是偶爾也會引起食用生香菇後全身發癢的「香菇皮膚炎」。

小心和香菇相似的日本臍菇！

主要群生在山毛櫸的枯木上。具有名為隱陡頭菌素S（Illudin S）的毒性成分，食用後會產生腹瀉、嘔吐等中毒症狀，也有致死的案例

神祕感也是魅力之一
主要生長在赤松
這種樹的根部
在日本是最高級
的一種蕈菇

〔尚無法人工栽培的高級蕈菇〕

松茸

（菌根菌）

標準尺寸	—
發育溫度	20～23℃ 左右
主要住處	像是活著的赤松等等，存在於松科的樹木根部

細菌　古細菌　**真菌**　病毒

嗜氧性　厭氧性

松茸的菌是出現在地上的菌根菌的一種，以松樹為宿主。和腐生菌相比，人工栽培的難度很高。

貢獻度 ♥♥♥♥♡
危險度 ①①①①①

帶有濃郁的香氣，在日本被視為最高級的蕈菇之一

與樹木共生

帶有獨特香氣的高級松茸，**是在赤松等松類樹木的根部製造「菌根」的一種菌根菌**。松茸的菌和赤松的根會融為一體，在赤松周圍名叫「原基」的白色塊狀部分自然生長。

菌根菌不只是接受來自宿主樹木的能量供給，也會藉由覆蓋樹根表面，保護樹木不受土壤病害侵襲，以及幫助吸收養分和水分。

松茸的人工栽培技術之所以至今尚未確立，和原基有很大的關係。由於要以人工方式創造出菌根菌的自生環境很困難，因此必須將松茸菌接種在赤松上，形成「人工原基」。儘管將附帶人工原基的赤松移植到野外的實驗一直都有在持續進行，但似乎還沒有發展到長出子實體的階段。不過，**味道香氣和松茸相似、名為馬鹿松茸的近緣種已在2018年人工栽培成功**，今後將可望進一步實用化，並且將技術應用到松茸的人工栽培上。

為何松茸很難人工栽培？

生長在活的植物上

香菇因為是以倒木為宿主，所以很容易進行人工栽培，但菌根菌是生長在活的樹木上，因此很難控制。另外，松茸菌很脆弱，不易成長

詳細生態不明

即使是菌根菌，只要瞭解生態就有辦法人工栽培，但是松茸生長的環境條件至今尚未釐清，要將其栽培到可以食用的大小十分困難

世上沒有比我
更尊貴的了
Wow!!
利用受過特殊訓練的
松露豬找出來
找到了!!

全世界最高級的蕈菇之一

〔芳醇香氣十分迷人的「黑鑽石」〕

松露

（地下真菌）

標準尺寸	—
發育溫度	20～30℃左右
主要住處	在山毛櫸、松科等樹木的根部與其共生，生長在地下約30cm處

細菌　古細菌　**真菌**　病毒

嗜氧性　厭氧性

在日本稱為西洋松露，其子實體就是松露。是蕈菇中非常特別的一種地下真菌

貢獻度 ♥♥♥♡♡
危險度 ①①①①①

具有獨特的強烈香氣，在全世界的交易價格非常高

在土壤中生長的「變種」

松露被稱為「黑鑽石」，是名列世界三大珍饈之一的高級食材。**在歐洲，已透過接種菌到宿主樹木上，成功實行部分種類的人工栽培。**

松露隸屬於和一般蕈菇生態相異、名為「地下真菌」的特殊種類，而地下真菌的特色就是子實體會生長在土壤之中。一般的蕈菇是從子實體散布孢子進行繁殖，**松露則是利用其獨特的強烈香氣吸引松鼠、老鼠、蒼蠅（通稱松露蒼蠅）來吃，藉此散布孢子。**這種性質也是地下真菌特有的生態。由於人很難找到生長在地下的松露，因此會利用受過專業訓練的豬或狗來找尋。只不過，豬有時會在尋找過程中把松露吃掉，所以最近比較多人是讓狗來幫忙採收。

其實在歐洲以外的地方也有許多不同種類的松露，例如在日本也發現了自然生長的近緣種印度松露。

松露Q&A

為何昂貴？

松露100g就要價日幣10萬圓以上。昂貴的原因是採收困難，物以稀為貴。除了少部分外，其餘皆無法人工栽培

松露有分種類嗎？

依照法國、義大利、西班牙等生產地和採收時期的不同進行分類

夏季松露	冬季松露	白松露
盛產於6～9月，香氣較淡。價格相對便宜	盛產於12～2月，香氣濃郁。大約為15～20萬日圓/kg	盛產於10～12月的頂級品。價格有時甚至高達100萬日圓/kg

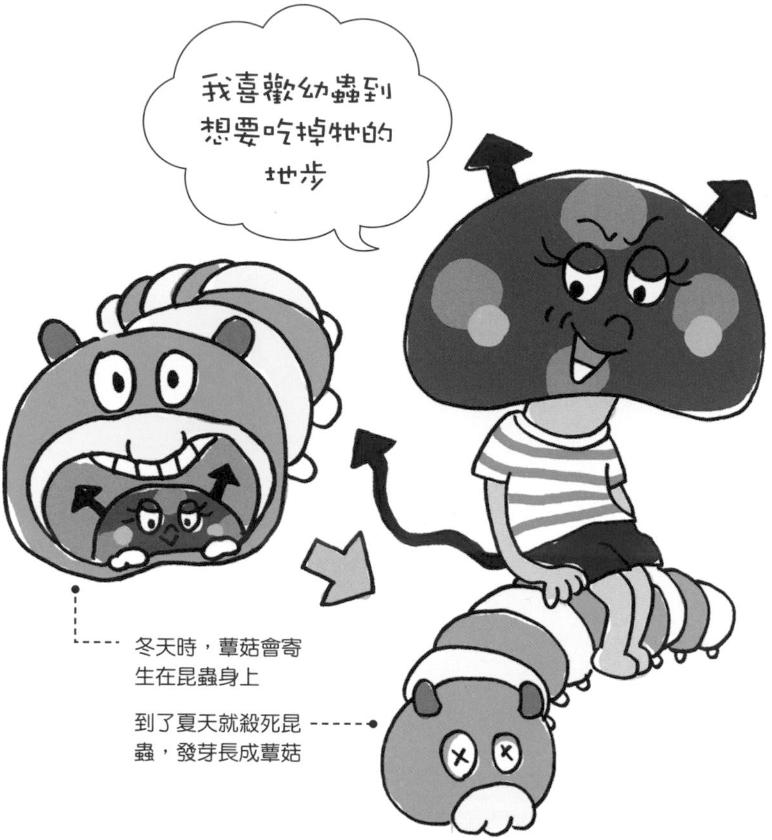

我喜歡幼蟲到
想要吃掉牠的
地步

冬天時，蕈菇會寄生在昆蟲身上

到了夏天就殺死昆蟲，發芽長成蕈菇

〔樣貌會在冬季和夏季改變的神祕蕈菇〕

冬蟲夏草

（寄生菌）

標準尺寸 —

發育溫度 25℃左右

主要住處 最有名的是寄生在西藏的蛾幼蟲身上，不過中國和日本都是棲息地

細菌 | 古細菌 | **真菌** | 病毒

嗜氧性 | 厭氧性

有寄生在蟪蛄幼蟲身上的蟬花、寄生在蛾幼蟲身上的蛹蟲草等種類

貢獻度 

危險度 

被當成中藥、藥膳料理、中華料理的素材

中國古代的「長生不老藥」

寄生在蛾或蟬的幼蟲身上，讓菌絲遍布體內，利用其養分長出子實體的蕈菇的總稱。因其生態是「冬天以蟲的模樣度過，到了夏天就變成草」，於是被命名為冬蟲夏草。

在中國古代被視為珍貴「長生不老藥」的冬蟲夏草，不只會長出子實體，甚至還會吃掉被寄生的幼蟲。即使到了現在，依然被人們視為具有滋養強身、抗老化功效的中藥、藥膳料理的素材，交易價格十分高昂。其中，又以寄生在棲息於西藏高原的**蝙蝠蛾身上、名叫中華冬蟲夏草的種類特別昂貴，有時價格甚至相當於黃金**。

另外在西洋醫學的領域，據說也對冬蟲夏草作為醫藥品的可能性抱持期待，正在進行各種藥效的驗證。事實上，從寄生在寒蟬幼蟲身上的冬蟲夏草中取得、名為芬戈莫德（fingolimod）的化合物，已被實際作為防止多發性硬化症復發的免疫抑制劑。

模樣十分奇特的冬蟲夏草

昆蟲身上長出蕈菇的樣子看起來有些詭異

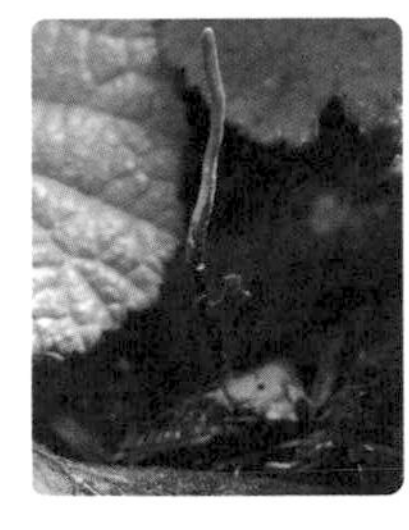

Column

世界最大的生物是蕈菇!? 你的腳下可能也有巨大生物……

地球上最大的生物是什麼呢？最大的動物是藍鯨，體長最多可達30m左右。至於植物那就更大了，地表現存最巨大的植物是柏科的針葉樹紅杉，約可長到115m高。

可是，地球上其實還存在著遠比那些更加巨大的生物，而且竟然還是微生物。那個微生物是蕈菇的一種，名為奧氏蜜環菌，大約有200座東京巨蛋那麼大。

奧氏蜜環菌是主要出現在倒木上的腐生菌（P.102），不過有時也會寄生在活的樹木上，引起使其枯萎的「根腐病」。廣泛分布於北美、歐洲、包括日本在內的亞洲地區，每到秋天就會生出傘蓋約4～14cm大的子實體。乍看只有手掌大小的蕈菇之所以被稱為世界最大的生物，原因就藏在地底下。

任誰都能想像出來的蕈菇形狀，其實只不過是用來讓孢子飛散的一部分。如果要比喻，就像是植物的花朵部分。蕈菇的本體稱為菌絲體，會在樹木、倒木、土壤中不斷分枝擴散，其大小有時超乎人們的想像。

有人在美國奧勒岡州的馬盧爾國家森林中，從多個地點的土壤採集奧氏蜜環菌的菌絲體後，發現了一個在大範圍下擁有相同DNA的大型菌絲體。其面積居然廣達965公頃，大約相當於200座東京巨蛋。換句話說，地底下其實藏著如此巨大的菌絲體。

雖然要長成像在馬盧爾國家森林發現的奧氏蜜環菌一樣巨大很少見，不過至今據說也已經發現到好幾個足以覆蓋一座山的巨大蕈菇菌絲體。

踏入山林時，你腳下踩的說不定正是巨大微生物的一部分喔。

Column

打雷會讓香菇長得特別好!?
雷電和香菇菌之間的祕密關係

——只要打雷，香菇（P.102）就會豐收。這是香菇農家自古便流傳下來的一句話。

這個傳說如果以科學方法進行驗證，最先讓人想到的就是雷電所造成的固氮作用。有一種假設認為，是雷電的龐大能量對大氣中的氮產生作用，形成氮化合物這種養分滲入土壤和樹木中，促進了香菇的成長。沒想到香菇中竟然也存在著讓電流通的專用裝置，而只要利用那個裝置，收穫量最多能夠達到2倍。可是，由於也有研究結果顯示，只要有相當於打雷的聲音刺激，香菇的收穫量就會增加，因此真相如何至今仍是個謎。

假使在解開香菇的生長機制之謎後，也能運用在其他蕈菇上，或許有一天，我們就會在商店看到便宜美味的「雷電栽培松茸」了。

第5章

與環境相關的微生物

我們能夠擁有現在的地球環境，
都是靠著微生物製造出氧氣和植物的營養。
而人類能夠在地球上生存下去，
也都要歸功於肉眼看不見的它們。

令原始的地球環境產生劇變，支撐現今生態系基礎的微生物們

地球誕生於距今約莫46億年前，最早的生命則是在地球誕生的8億年後左右才出現。原始的地球上沒有氧氣，只有進行無氧呼吸的細菌、古細菌等悄悄地棲息著。地球之所以變成像現在這樣充滿生命的星球，全是靠著微生物的作用。應該說，**是因為透過光合作用釋放氧氣的藍綠菌（P．116）出現了，才使得環境和生態系大為改變**。

地球變得充滿氧氣之後，使用氧氣進行有氧呼吸的微生物也隨之出現。由於有氧呼吸的能量使用效率較無氧呼吸來得好，因此能夠使用更多能量的微生物便進化成更為複雜的構造。另外，氧氣和來自太陽的紫外線起反應後變成臭氧，在上空形成臭氧層。因為臭氧層會吸收對生物有害的紫外線，於是生物就變得能夠從海洋來到陸地上。是藍綠菌（P．116）所釋出的大量氧氣，促進了生物的進化和棲息地的擴大。

即使在現在的地球，微生物依然是支撐環境的重要基礎。在陸地，**放線菌**

（P.122）會分解落葉、改良土壤，與生命的循環有很大的關聯。在海洋，化學合成微生物（P.118）會為海底火山周圍帶來有機物，在陽光照射不到的深海建構出生態系的基礎。在天空，如今已知微生物和雲的產生有關，也會對天候帶來影響（參考下述）。

有時也會令地球環境大為改變的微生物。它們雖然小到肉眼看不見，實際上卻肩負著非常重要的任務。

微生物與雲的形成

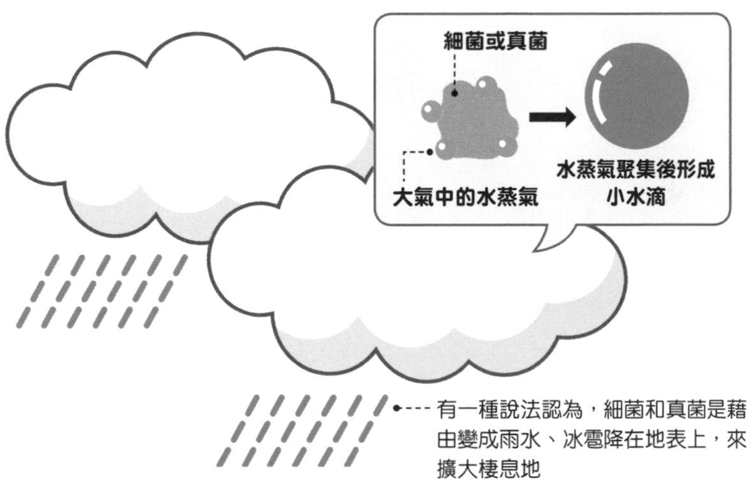
細菌或真菌
大氣中的水蒸氣
水蒸氣聚集後形成
小水滴
有一種說法認為，細菌和真菌是藉由變成雨水、冰雹降在地表上，來擴大棲息地

是我創造出現在的地球
O_2
大約從30億年前就存在，創造了現在的地球環境。換言之就是神
由藍綠菌從陽光製造出來的氧氣

〔促使生物進化的引爆器〕

藍綠菌

標準尺寸 依種類而異

發育溫度 依種類而異

主要住處 地球上任何地方。比方說，海洋、河川、池塘等水邊和潮濕的土壤等

細菌 | 古細菌 | 真菌 | 病毒

嗜氧性 | 厭氧性

最先在地球上製造氧氣的生物。像是供應氧氣給大氣等等，奠定了現今生態系的基礎

貢獻度 ♥♥♥♥♥

危險度 !!!!!

與地球環境相關的同時，卻也會在湖中增生，妨礙生物生育

讓地球成為「生命之星」的細菌

藍綠菌最早出現在地球上，是距今約莫30億年前。這是唯一會行光合作用、製造氧氣的細菌，**不僅供應穩定的氧氣和有機物給原始的地球，也製造出現今地球的大氣**。因為呈現藍綠色，所以也被稱為「藍綠藻」。

即使到了現在，藍綠菌依然棲息在海洋、湖泊、河川、陸地上各個地方，很難找到一個環境是沒有藍綠菌的。但是，藍綠菌也會使得湖泊表面被染成正綠色，引起讓魚類大量死亡的「青粉」現象。另外，藍綠菌中一種名為螺旋藻的種類，因為均衡地含有蛋白質、礦物質、維生素等營養素，所以被當成超級食物和營養補充品流通於市面。

不僅如此，藍綠菌因為光合作用效率非常高、基因操作簡單、增生快速，所以像是**被當成生物燃料研究的主題等等，在各式各樣的領域都受到極大的關注**。

藍綠菌創造了岩石!?

藍綠菌之中，有一種會利用黏液讓泥土、礦物質聚集固化，花費幾億年的時間製造出大岩石。這種岩石名為「疊層石」，除了在全世界都可以發現化石的蹤影外，澳洲還存在著至今仍繼續成長的「活的疊層石」

〔最愛鐵和硫化氫〕

化學合成微生物

標準尺寸	依種類而異
發育溫度	依種類而異
主要住處	地球上任何地方。比方說，水邊、潮濕的土壤、深海的海底火山等

細菌　古細菌　真菌　病毒

嗜氧性　厭氧性

藉著讓鐵、氨、硫化氫、氫等物質產生化學反應來獲得能量

貢獻度  支撐著海底火山周邊的生物們的生態系

危險度

靠著吃鐵生存!?

幾乎所有細菌為了生長和繁殖，都需要其他生物所製造出來的有機物。相對於此，**藉著氧化硫化氫、氨等無機物來獲得能量的微生物**，統稱為化學合成微生物。因為其生存機制類似植物利用水和光行光合作用來獲得能量，所以我們將這種性質的生物稱為「自營生物」。

舉例來說，**鐵氧化細菌**是一種棲息在富含鐵質的水、土壤中的化學合成微生物，**會藉由氧化鐵來獲得能量**，**合成出有機物**。它們也會棲息在水田和池塘裡，氧化二價鐵離子之後，製造出三價氫氧化鐵的紅褐色沉澱。

它們在我們看不見的地方，奠定了生態系的基礎。比方說，**在陽光照射不到的深海裡**，**化學合成微生物會以海底火山或鯨魚屍體所產生出來的氫、硫化氫**，**製造出碳水化合物**，作為其他生物的營養來源。

取得能量的方法五花八門

人類 ＝從醣和氧和水獲得能量

$C_6H_{12}O_6$（葡萄糖） ＋ $6O_2$（氧） ＋ $6H_2O$（水） → $6CO_2 + 12H_2O$（二氧化碳＋水） 能量

鐵氧化細菌 ＝從鐵和氧和氫獲得能量

$4Fe^{+2}$（二價鐵離子） ＋ O_2（氧） ＋ $4H^{+}$（氫離子） → $4Fe^{+3} + 2H_2O$（三價鐵離子＋水） 能量

互相幫助的良好關係
根瘤菌共生於豌豆的根部
101
房東
102
根瘤菌
豌豆會供給養分給根瘤菌
分享
根瘤菌會送氮化合物給豌豆

〔供給植物營養的細菌〕

根瘤菌

標準尺寸	依種類而異
發育溫度	依種類而異
主要住處	大豆、百脈根等豆科植物的根內部、土壤中等

細菌 古細菌 真菌 病毒

嗜氧性 厭氧性

共生於豆科植物的根部，因此被稱為「根瘤菌」。豆的種類不同，與其共生的根瘤菌也不一樣

貢獻度 

危險度  

代替會對環境造成負荷的化學肥料，自然地發揮固氮作用

交換碳水化合物和氮

棲息在土壤中的根瘤菌，是入侵植物根部，生出數公釐大小的「根瘤」的細菌總稱。將宿主植物所供給的碳水化合物作為營養來源，同時，**也會供應植物所需的營養，也就是氮化合物**。根瘤菌利用將大氣中的氮轉換成氨等氮化合物的「固氮作用」，和植物建立起共生關係。

根瘤菌雖然能夠在缺乏氮化合物的土壤中幫助植物生長，可是能夠產生根瘤且共生的植物幾乎都是豆科植物。而且，就如同大豆根瘤菌只會入侵大豆、百脈根根瘤菌只會入侵百脈根，根瘤菌還有著只能與固定種類共生的性質。

要製造出含氮的化學肥料，需要耗費非常龐大的能源。而且一旦使用過度，還會引發藍綠菌（P・116）異常產生等環境問題。因此，**人們目前正在研究如何將固氮活性高的根瘤菌用來取代化學肥料**。

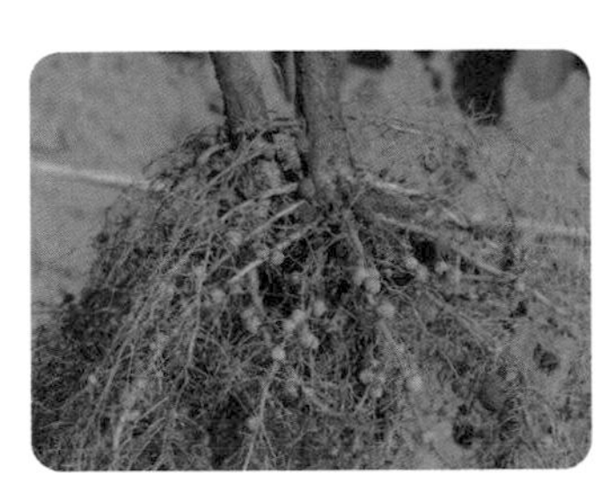

大豆根部的根瘤

隨處可見的瘤狀物就是根瘤。這裡聚集了無數根瘤菌

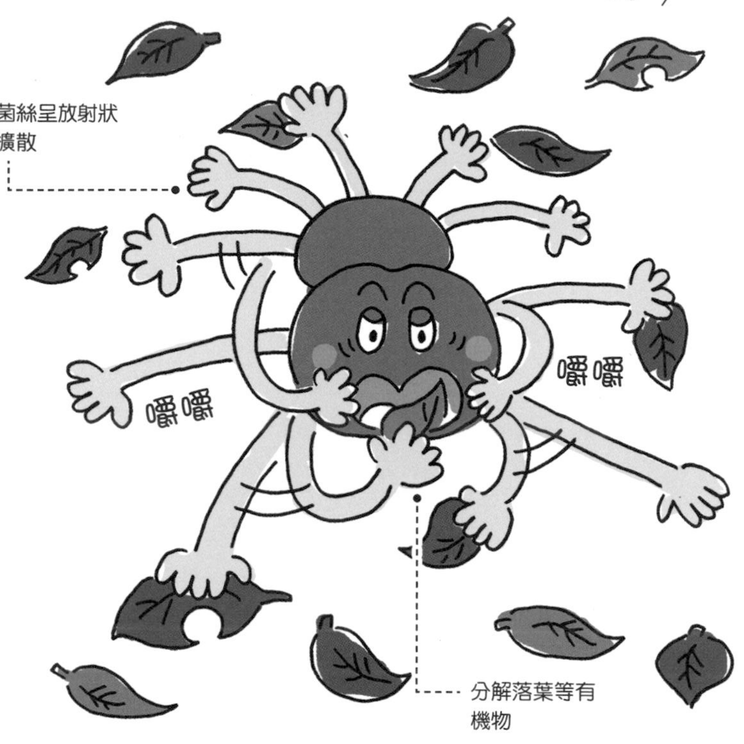
吃落葉，整頓土壤環境♪
菌絲呈放射狀擴散
嚼嚼
嚼嚼
分解落葉等有機物

〔分解落葉的「土壤氣味」的真面目〕

放線菌

標準尺寸	—
發育溫度	依種類而異
主要住處	地球上所有的土壤。比方說，森林、農田、花壇、盆栽中等等

細菌 ｜ 古細菌 ｜ 真菌 ｜ 病毒

嗜氧性 ｜ 厭氧性

主要棲息在土壤中的原核生物。雖然是細菌，卻會像黴菌一樣生長成菌絲狀並製造出孢子

貢獻度 ♥♥♥♥♡

危險度 !!!!!

支撐生態系的大自然分解者，也被利用在農業、醫療方面

廣泛活躍於農業、醫療領域！

放線菌並非特定細菌的名稱，**而是將菌絲延伸呈放射狀生長的細菌類的慣用名**。只不過，近幾年分析基因的結果，發現其中也有些細菌並不會形成菌絲，因此這個定義正逐漸產生動搖。

放線菌棲息在自然界各個地方，尤其土壤中特別多，下雨過後感覺到的獨特「土壤氣味」便是源自於放線菌。放線菌能夠分解落葉等有機物，並且抑制成為植物病原的微生物增生，因此被利用來製造堆肥、改良土壤，**在農業方面是最有用的微生物之一**。

不僅如此，生產抗生素的鏈黴菌（P．132）、知名的好菌比菲德氏菌（P．48），也都是放線菌的一種。不只是農業，放線菌也被**有效運用在醫療領域**。只不過，放線菌之中還是有的會對人類造成感染，有罹患「放線菌症」這種會引發肉芽腫的疾病之虞。

「土壤氣味」是放線菌的生存戰術

下雨過後的「土壤氣味」的主成分，是放線菌所製造出來、名為「土臭素」的一種酒精。由於有些生活在土壤中的蟲喜歡土臭素，因此放線菌就利用土臭素來吸引蟲，然後讓孢子附著在蟲的身體上，藉此擴大棲息範圍

我倆注定不能相遇
可惡——!!
被農家和園藝家討厭
絲狀菌會阻礙受感染植物的生長
多數絲狀菌都會對植物造成感染，引發疾病

〔為作物帶來病害的農家大敵〕

絲狀菌

標準尺寸 —

發育溫度 依種類而異

主要住處 地球上各個地方。比方說土壤中，以及海洋、池塘等水中

細菌 | 古細菌 | 真菌 | 病毒

嗜氧性 | 厭氧性

地球上隨處可見，尤其土壤中存在著十萬種以上。是棲息於土壤的微生物中數量最多的

貢獻度 ♥♥♥♡♡

危險度 !!!!!

會引發許多植物的病害，但同時也是大自然的分解者

是農田裡的討厭鬼，但是……？

絲狀菌是**真菌類中延伸菌絲生長的菌的總稱**。從麴菌（P．94）等黴菌類到香菇（P．102）等菇類，甚至連引發足癬的白癬菌（P．72）也都包含在絲狀菌中，種類非常多樣。

絲狀菌對植物的影響很大，**植物病害中有7～8成都是絲狀菌所引起**。隨風飛散的絲狀菌孢子除了會附著在植物上造成感染，使得葉子、果實產生病變，嚴重一點甚至還會使其枯死。而且當病變可以用肉眼看出來時，病害程度通常都已經很嚴重了，**因此被農家和園藝家視為大敵**。

不過，**絲狀菌在土壤中的食物鏈也扮演著相當重要的角色**。它和放線菌（P．122）一樣多半棲息在土壤中，占了土壤中所含微生物約70％的重量。絲狀菌會分解蝨子、阿米巴原蟲這類土壤生物的糞便（有機物），之後細菌再將其分解得更小，讓土壤逐漸富有營養。

附著在植物葉片上的絲狀菌

葉片表面看起來像是裹上白粉的東西，就是絲狀菌的菌絲。這會對農作物帶來病害

Column

在看不見之處進行的都市劣化 以硫酸溶解下水道的微生物

下水道定期都會進行混凝土的修補工程，而事實上造成這種劣化的最大原因就是微生物。令人意想不到的是，世上居然有微生物會製造出經常在理科實驗中出現，足以溶解銅、銀的強酸硫酸。那就是硫桿菌及其異營生物：硫酸鹽還原菌，這兩者都是屬於化學合成微生物（P．118）。

首先，硫酸鹽還原菌會還原地下水中所含、來自人類排泄物的硫酸離子（無氧呼吸之一，硫磺呼吸），製造出味道像腐敗的蛋一樣的硫化氫，然後硫化氫又會製造出硫酸。

混凝土不耐酸性，一旦和硫酸起反應，就會連內部也呈現容易崩塌的空洞狀態。目前一般是採取塗抹耐硫酸的塗層，以及開發具抗菌效果的混凝土來應對。

本汪聞到突變的
氣味了！

第6章

支撐醫療的微生物

隨著科學技術的進步，
微生物們的活躍範圍也大為展開。
不只是製造醫藥品，從檢測致癌性到微整形，
微生物被運用在醫療的各個領域。

抗菌劑的開發源自於黴菌
微生物所製造的醫藥品拯救了人類！

如同第3章「不想遇見的微生物」所述，會引發疾病的微生物其實不少。不過另一方面，微生物也因為會產生有用物質、抑制其他微生物增生，被廣泛運用在今日的醫療現場。

其中之一，就是製造抗生素「盤尼西林」的青黴菌（P.130）。**盤尼西林由於具有防止細菌合成細胞壁的作用，因此對於細菌所引起的感染症能夠發揮卓越的效果**。這種抗生素在第二次世界大戰中，拯救了許多受傷的士兵。

之後像是以鏈黴菌（P.132）製造的鏈黴素等等，人們也從其他微生物中找到了**數千種抗生素，而其中約有70種至今仍被當成藥劑使用**。順道一提，盤尼西林和鏈黴素都因為拯救了眾多生命而獲得極高評價，發現者也因此獲頒諾貝爾生理學及醫學獎。

隨著基因改造技術的發展，微生物被更加廣泛運用在醫療上。也就是將特定基因加入大腸桿菌中，讓目標物質被大量製造出來。運用這項技術的藥劑稱為生物醫藥品，若將利用動物細胞的醫藥品包含在內，那麼生物醫藥品在2024年將占了醫藥品市場的近3成。

另外，近年來由於MRSA（P.62）這類具抗藥性的病原菌增加，使用讓細菌死亡的噬菌體（P.138）的治療法也備受關注。

因此，微生物**未必只會對人類造成威脅，同時也是拯救生命的大功臣**。

生物醫藥品的製造方法

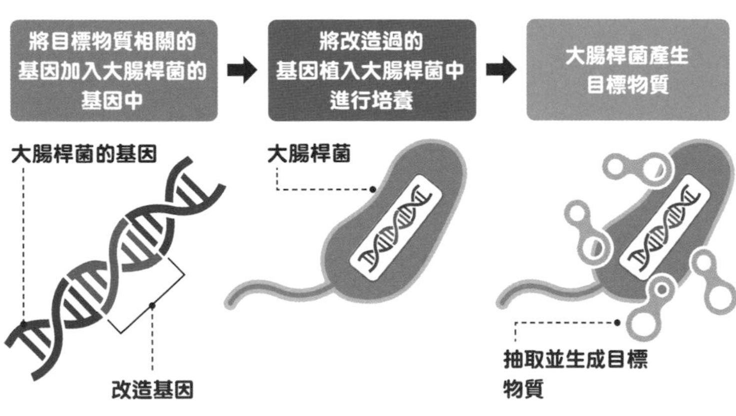
將目標物質相關的基因加入大腸桿菌的基因中
將改造過的基因植入大腸桿菌中進行培養
大腸桿菌產生目標物質
大腸桿菌的基因
改造基因
大腸桿菌
抽取並生成目標物質

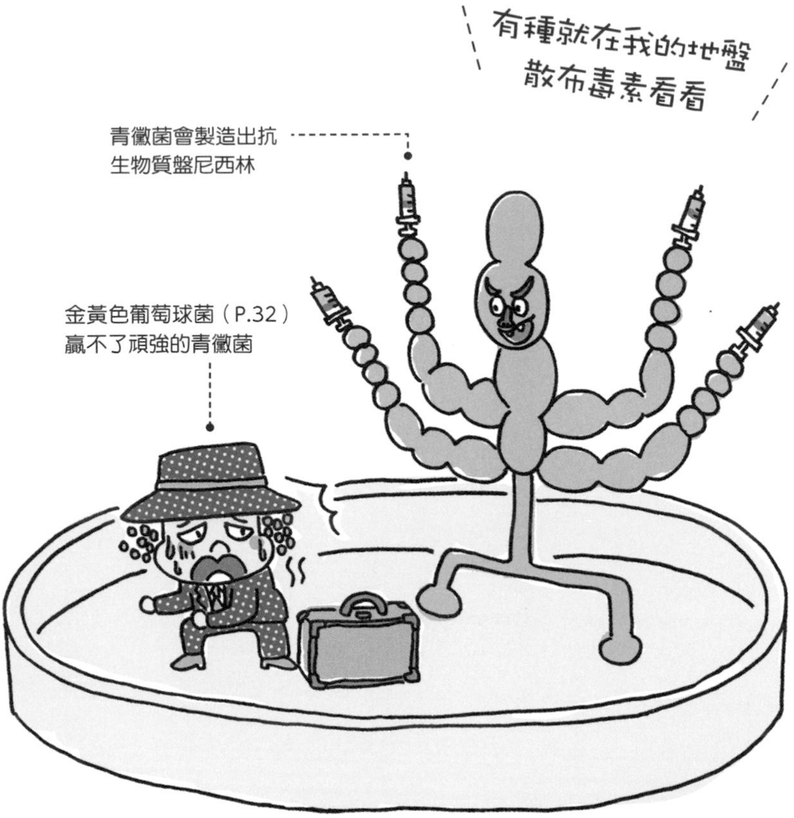

有種就在我的地盤
散布毒素看看

青黴菌會製造出抗
生物質盤尼西林

金黃色葡萄球菌（P.32）
贏不了頑強的青黴菌

〔拯救最多人命的黴菌〕

青黴菌

標準尺寸	—
發育溫度	20～30℃左右
主要住處	地球上各個地方。土壤中、人類的住處、食品、衣物等等

細菌 古細菌 **真菌** 病毒

嗜氧性 厭氧性

是青黴屬這種黴菌的總稱，種類一共超過300種。除了藍色外，還有綠色、紫色、橘色等等

貢獻度 ♥♥♥♥♥ 人類因青黴菌而發現阻礙細菌發育的抗生素

危險度  

「偶然誕生」的世界首見抗生素

食物放置一段時間後，就會發霉變成青色——應該每個人都有過這樣的經驗吧？在日本，人們因其外觀稱之為「青黴」，不過正式名稱其實是青黴菌。由於形狀類似刷子，因此被命名為意思是刷子的拉丁文「penicillus」。

世界首見的抗生素盤尼西林一如其名，是從青黴菌精製而成。英國細菌學家亞歷山大・弗萊明在研究金黃色葡萄球菌（P.32）的過程中，偶然發現在培養皿中繁殖的青黴菌。他注意到只有青黴菌的周圍沒有金黃色葡萄球菌，於是開始研究青黴菌，結果發現**不只是金黃色葡萄球菌，青黴菌對於肺炎球菌等等也有抑制增生的效果**。從此之後，各式各樣的盤尼西林類抗生素便被開發出來，**拯救了許多罹患傳染病的人們**。

另外，具有獨特氣味的藍紋乳酪「戈貢佐拉起司」，則是讓青黴菌在內部繁殖製成的。因此，青黴菌也是對飲食文化有所貢獻的微生物。

散布在乳酪中的青黴菌

戈貢佐拉起司內部的藍色大理石花紋是青黴菌

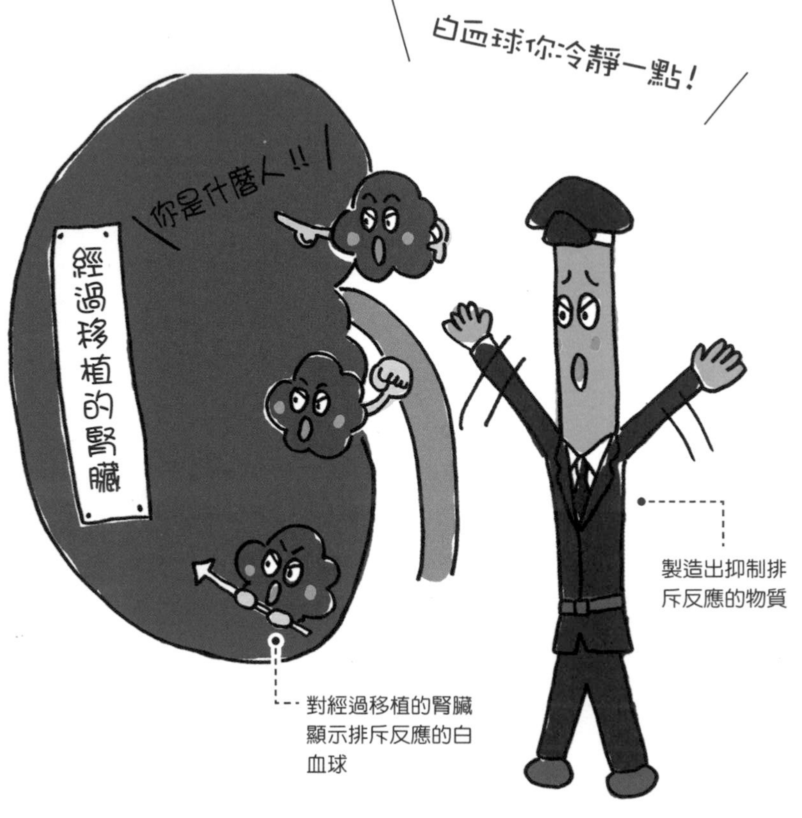
白血球你冷靜一點！
你是什麼人!!
經過移植的腎臟
製造出抑制排斥反應的物質
對經過移植的腎臟顯示排斥反應的白血球

〔宛如醫藥品製造機 !?〕

鏈黴菌

標準尺寸	—
發育溫度	依種類而異
主要住處	地球上所有的土壤。比方說，森林、農田、公園的花圃等等

細菌　古細菌　真菌　病毒

嗜氧性　厭氧性

主要存在於土壤中，尺寸在細菌之中算是相當大。其中也有會讓根菜類生病的種類

貢獻度 ♥♥♥♥♡

危險度 !!!!!

以抗生素為首，可製作成免疫抑制劑、寄生蟲特效藥等各種藥劑

可製作成抗生素和免疫抑制劑

鏈黴菌是**放線菌**（P.122）的一種，和一般虛弱且生長緩慢的放線菌相比，**其特徵是擁有強韌的生命力，而且生長速度也很快**。像是1944年作為結核病治療藥開發出來的「鏈黴素」，以及對急性骨髓性白血病患者投予的抗癌性抗生素「道諾黴素」等等，**醫療現場所使用的抗生素大多都是以鏈黴菌製成**。

除了抗生素之外，在其他各式各樣的藥劑中也能發現鏈黴菌的存在。舉例來說，研究者在自日本筑波山採集到的筑波鏈黴菌這個種類中，發現了「**他克莫司（Tacrolimus）」這種可抑制免疫功能的物質**。具體來說，就是能夠抑制負責免疫功能的白血球增生，主要用來抑制肝臟、腎臟移植手術後的排斥反應。此外，像是作為在中南美造成問題的**寄生蟲病的特效藥**等等，鏈黴菌對於**各種藥物的開發都有極大貢獻**。

從鏈黴菌開發出來的各種藥劑

●鏈黴素	用來治療結核病、鼠疫等
●卡納黴素	用來治療急性支氣管炎、肺炎等
●道諾黴素	用來治療急性白血病等
●阿克拉黴素	用來治療惡性淋巴癌、乳癌等

美女通常都有兩面……
像是除皺等等，被使用在美容整形上

〔地球最強的毒是美的救世主!?〕

肉毒桿菌

最大尺寸	2.0×10μm左右
發育溫度	30～40℃左右
主要住處	土壤中、海洋、河川等的底部，動物的消化道，蜂蜜、真空包裝的食品等

細菌 古細菌 真菌 病毒

嗜氧性 厭氧性

分布於土壤、海洋、湖泊、河川的泥沙中。會製造出耐熱的芽孢，在無氧狀態下增生，產生毒素

貢獻度 ♥♥♡♡♡

危險度 

1g的肉毒桿菌毒素約可殺死100萬人，卻也被使用在美容整形上

利用劇毒進行微整!?

肉毒桿菌是棲息在土壤、河川、動物腸道中的細菌，**其最大特徵就是會製造出被稱為「世界最強」的毒素**。肉毒桿菌的毒素強大到僅需0.00006mg即可令1人死亡，在過去還曾經被用來進行生化武器的研究。這種毒素一旦進入體內就會引發肉毒桿菌中毒，造成肌肉麻痺，症狀輕者會感到無力、呼吸困難，嚴重的話則會引起呼吸肌麻痺而死亡。

肉毒桿菌雖然很可怕，**如今其令肌肉麻痺的毒素性質，卻被利用來進行「微整」**。只要注射在特定部位上，即可望發揮改善眼角、眉間的表情紋，以及縮小下顎咀嚼肌的效果。這類美容手術所使用的藥物，是從肉毒桿菌抽取出來讓毒性減弱的「保妥適（正式名稱為：肉毒桿菌毒素）」。

另外，除了用來美容，**肉毒桿菌也被運用在手腳肌肉僵硬及眼皮、嘴角痙攣等，腦梗塞所引起之後遺症的治療藥物上**。

恐怖！肉毒桿菌的毒素

肉毒桿菌食物中毒

8～36小時內會出現想吐、嘔吐、視力及語言障礙等神經症狀。最壞時，還會因呼吸麻痺而死亡

嬰兒肉毒桿菌中毒

發生在嬰兒身上的肉毒桿菌中毒症。會引起持續便祕、全身肌力下降、哭聲變小等麻痺症狀

嗯？本汪聞到突變的氣味了！
汪汪!!
沙門氏菌被用來進行確認化學物質安全與否的試驗
沙門氏菌

〔活躍於抗癌醫療現場〕

沙門氏菌

標準尺寸 0.7×5.0μm 左右

發育溫度 35～43℃ 左右

主要住處 包括人類、家畜在內許多動物的消化道。河川、下水道等等

細菌｜古細菌｜真菌｜病毒

嗜氧性｜厭氧性

主要棲息在人類、動物消化道的一種腸內細菌。部分種類會致病

貢獻度 ♥♥♥♥♥

危險度 

被活用在醫療領域，但有的也會引起傷寒、食物中毒

何謂預測致癌性的Ames試驗？

沙門氏菌是棲息在牛、豬、雞等動物腸道內的細菌，除了會透過**受污染的肉、蛋，引起有嘔吐、腹瀉、發燒等症狀的食物中毒**，也是造成高燒、全身起疹，甚至足以致死的傷寒的原因。

另一方面，沙門氏菌也被**運用在調查化學物質有無致癌性**、名為Ames試驗的試驗中。Ames試驗所使用的，是沙門氏菌中通常無法自行增生，但是一碰到具致癌性的化學物質就能自行增生的特殊種類。因此，將這個沙門氏菌和化學物質A投入同一培養基時，假使沙門氏菌增加，就表示化學物質A具有致癌性；如果沒有增加，則表示化學物質A不具致癌性。

不僅如此，**據說目前也正在進行使用經基因操作後無毒化的沙門氏菌，從事癌症治療的研究**。假使這項技術能夠實用化，就有可能減少治療的副作用、降低治療費用等等，因此十分受到矚目。

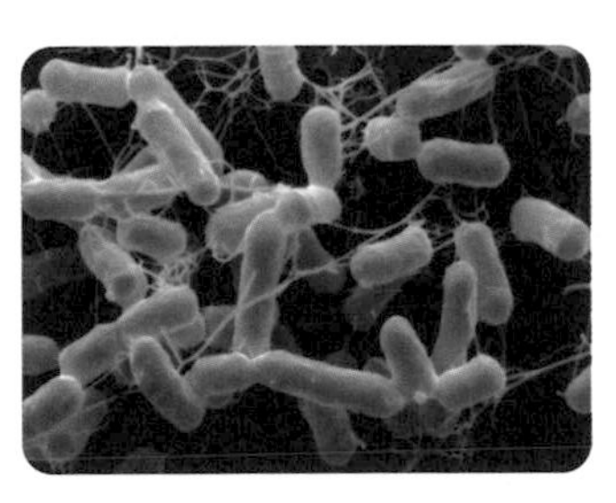

電子顯微鏡下的沙門氏菌

具有名為鞭毛的毛狀物，能夠自行運動

我的時代
終於來臨了！

噬菌體是會殺死細菌的病毒

具抗藥性的細菌也會被打敗

〔吃光細菌的病毒〕

噬菌體

最大尺寸 依種類而異

發育溫度 —

主要住處 地球上所有細菌棲息之處。比方說，土壤、河川、人體等

細菌 | 古細菌 | 真菌 | 病毒

嗜氧性 | 厭氧性

感染特定的細菌，在細胞中增生的病毒。由於還在進行研究，詳細生態尚不明

貢獻度  

被視為新的抗菌藥，目前正在研究當中

危險度 ! ! ! ! !

有可能沉睡在「被遺忘」的抗菌劑中

一如英文名稱「bacterio（細菌）phage（吃）」字面上的意思，這是會感染細菌後破壞細胞膜，簡直像吃光光一樣地**讓細菌徹底死亡消失的病毒**總稱。宛如有頭有腳的蟲型機器人的獨特外觀，也是其一大特徵。

基於會讓細菌死亡的性質，噬菌體發現之初，曾被期待作為抗菌劑之用，然而後來卻因為抗生素的出現，研究進度一度停滯下來。不過，隨著抗藥性菌的問題受到重視，**如今噬菌體作為抗菌劑又再度逐漸受到矚目**。

使用噬菌體進行的治療稱為噬菌體療法，除了治療人類的細菌感染症外，也以實際應用在畜產、水產業為目標，正在進行研究當中。儘管有許多國家尚未認可對人類進行噬菌體療法，但是美國已部分認可將噬菌體利用作為食品添加物，對於噬菌體抱有很大的期待。

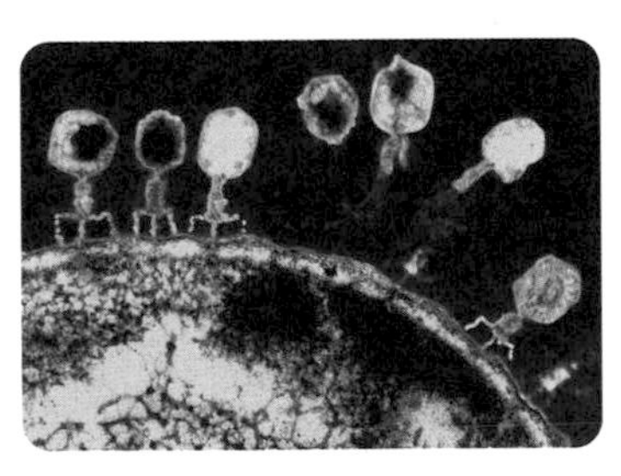

電子顯微鏡下的噬菌體

噬菌體的形狀像是人工打造出來的機器人

排水口和口腔裡有都市!? 微生物的巢穴「生物膜」

排水口的黏液和口腔內的牙菌斑（P.43），在學術上稱為「生物膜」，是由微生物製造出來像巢穴一樣的東西。在生物膜的內部，多種微生物會彼此交換營養和酵素，共同生活。另外，微生物之間居然還會將化學物質當成訊號使用，彼此進行對話。

用顯微鏡觀察生物膜，會發現其構造從單純的膜狀到網格狀都有，種類非常多樣。有些微生物還會製造出水管一般的管狀生物膜，來幫助其他微生物交換物質。

就如同人類從事各行各業、各司其職來支撐社會一樣，在生物膜裡，性質相異的微生物也會分擔工作共同生活。排水口的黏液和口腔內的牙菌斑，儼然就是微生物的小型都市。

由我們來拯救人類的未來！

第 7 章

微生物界的希望們

尚在進行研究，將來的表現備受期待的微生物們。
它們擁有無限大的可能性，
像是生產燃料、用水田發電等等，
可望解決各式各樣的社會問題！

微生物界的希望們的基礎知識

微生物所製造的燃料和新式醫藥品，對社會問題伸出援手！

目前正在進行研究、開發的**新能源之中，有許多都是運用微生物的力量**。比方說，備受期待的環保燃料「生質酒精」，是以酵母（P.96）讓取自甘蔗的糖發酵而成。可混入既有的燃料中，亦可作為火力發電的能源使用，目前已進入實際應用的階段。另外，**能夠製造出油的微生物橙黃壺菌（P.146）**，則被視為製造石油替代燃料的微生物受到矚目，**目前日本也正在研究當中**。

事實上，微生物也可以直接產生電力，像是目前就已開發出使用發電菌（P.148）這種細菌的微生物燃料電池。儘管現在發電力還很弱，但是因為可同時進行廢水處理和資源回收，所以仍備受關注。

在醫療領域方面，除了以往利用微生物製造藥劑的研究外，現在也出現將**趨磁細菌（P.150）製成的奈米大小磁石應用在醫療上**的獨特嘗試。倘若研究有所進展，以後或許就能利用磁石**將治療藥物精確地引導至患部了**。

有一派說法認為，人類目前發現到的微生物，還不到地球上棲息的所有微生物的1%，因此未來還有無限的可能性。**尚未發掘的微生物之中，或許正藏著能夠讓現今社會為之一變的「寶藏」也說不定**。

微生物也許能夠解決的 社會問題

資源枯竭

生質酒精、生質沼氣、藻類所生產的石油替代燃料（P.146）、發電菌（P.148）製造的微生物燃料電池等

醫療開發

新式醫藥品的開發、生產，運用噬菌體（P.138）、趨磁細菌（P.150）等的先進醫療等

環境污染

利用微生物的分解力和物質濃縮力，淨化污染土壤、污染水的「生物修復」等

糧食危機

利用根瘤菌（P.120）等具固氮作用的細菌，取代化學肥料。能夠從大氣中的氮製造出氮資源，供給植物營養

第
7
章

對我來說只會礙事。
想要的話就給你吧！
以特殊酵素將氯化
金轉換成金塊
將對許多生物而言
有毒的氯化金變成
無毒

〔簡直有如煉金術師!?〕

耐金屬貪銅菌

標準尺寸	0.8×2.2μm 左右
發育溫度	—
主要住處	含有重金屬的土壤、產業廢棄物等。此外，也有在金礦脈發現的例子

細菌　古細菌　真菌　病毒

嗜氧性　厭氧性

會為了保護自己而製造出特殊的酵素，將有毒的氯化金溶液轉換成無毒的金塊

貢獻度 ♥♥♥♡♡
危險度 !!!!!

其特性讓人充滿期待，但有時也會帶有病原性

生出金塊來保護自己不受毒物侵擾!?

耐金屬貪銅菌這種細菌是有名的煉金術師，居然可以**將體內的金化合物，轉換成高純度的金塊**。

牠們棲息的地方，是含有鋅、鎘等重金屬的土壤。重金屬本來對幾乎所有的微生物都是有害的，但是耐金屬貪銅菌卻能夠藉由**產生特殊的酵素，將重金屬變成無毒**，適應會令其他生物死亡的環境，避免生存競爭活下去。目前人們已利用其特性進行實驗，成功從有毒的氯化金溶液中取得高純度的金粒子。

利用微生物取得金屬的技術稱為「生物溶出」，目前已實際應用在銅、鈾等金屬上。可是，關於利用耐金屬貪銅菌來取得金這方面，尚有待進行技術和成本上的改良。話雖如此，牠們能夠將重金屬變成無毒的特性，仍讓人期待未來能夠**淨化含有重金屬的工業廢水**。

何謂生物溶出

利用微生物，從礦石中抽取出金屬的技術。對難以利用化學方法處理的礦石很有效。不僅成本相對較低，還有抽取速度快這項優點。目前已實際應用在銅、鈾等金屬上，並且全世界都還在研究更有效率的方法。也稱為生物採礦

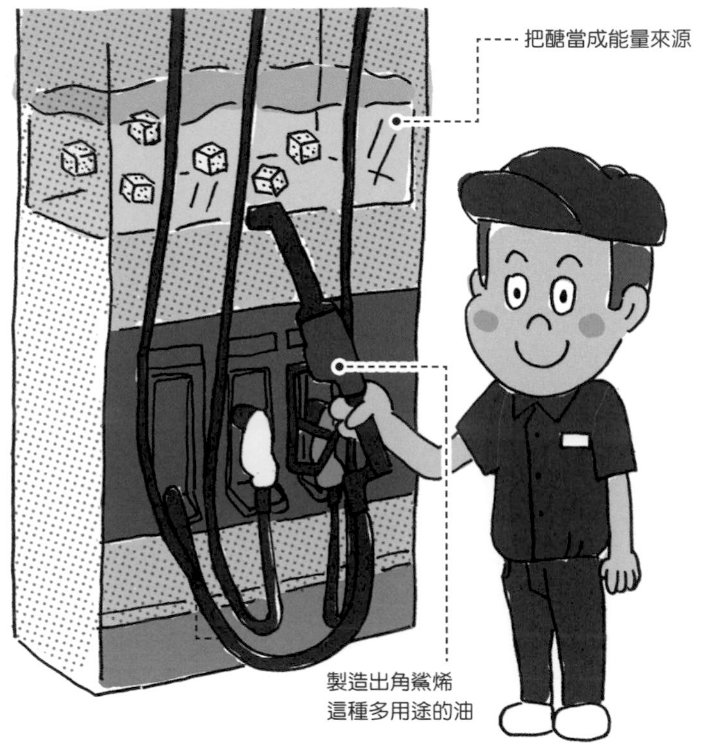
敬請期待進一步的研究！
把醣當成能量來源
製造出角鯊烯
這種多用途的油

〔製造石油的替代燃料〕

橙黃壺菌

標準尺寸 5.0～15μm 左右

發育溫度 15～30℃ 左右

主要住處 海洋和汽水域，尤其在紅樹林原生林的發現例特別多

細菌 | 古細菌 | 真菌 | 病毒

嗜氧性 | 厭氧性

以醣為基礎，產生角鯊烯這種多用途的油。既非細菌也不是真菌的一種真核生物

貢獻度 ♥♥♥♡♡

危險度 !!!!!

能夠製造出石油的替代燃料，但目前離實用化還很遙遠

有一天日本也能成為能源大國!?

全世界所使用的能源，多半都是仰賴化石燃料。可是，化石燃料卻是有可能在不久的將來枯竭的有限能源。而如今有機會成為救世主的，居然是能夠**製造石油的替代燃料的微生物**。據說現在生產性最高的微生物，是在學術上被視為昆布近親的橙黃壺菌。

橙黃壺菌是以醣等有機物為基礎，製造出名為「角鯊烯」的油。從2011年左右開始，日本的大學和仙台市展開合作研究，最後終於成功完成使用角鯊烯讓曳引機行走的實驗。儘管在實用化之前，還有降低培養成本等課題需要解決，但是橙黃壺菌所製造出的燃料確實和**有限的石油燃料不同，是可持續生產的燃料**。

能源幾乎仰賴進口的日本，對於這種能夠製造出油的微生物賦予很大的期望。

何謂角鯊烯

亦存在人類皮脂中的一種不飽和脂肪酸，具有保持肌膚柔軟和水分，以及抗氧化的作用。被廣泛應用在化妝品、營養補充品、醫藥品中。經過精製後，也可以作為燃料使用

照片提供：DHC股份有限公司

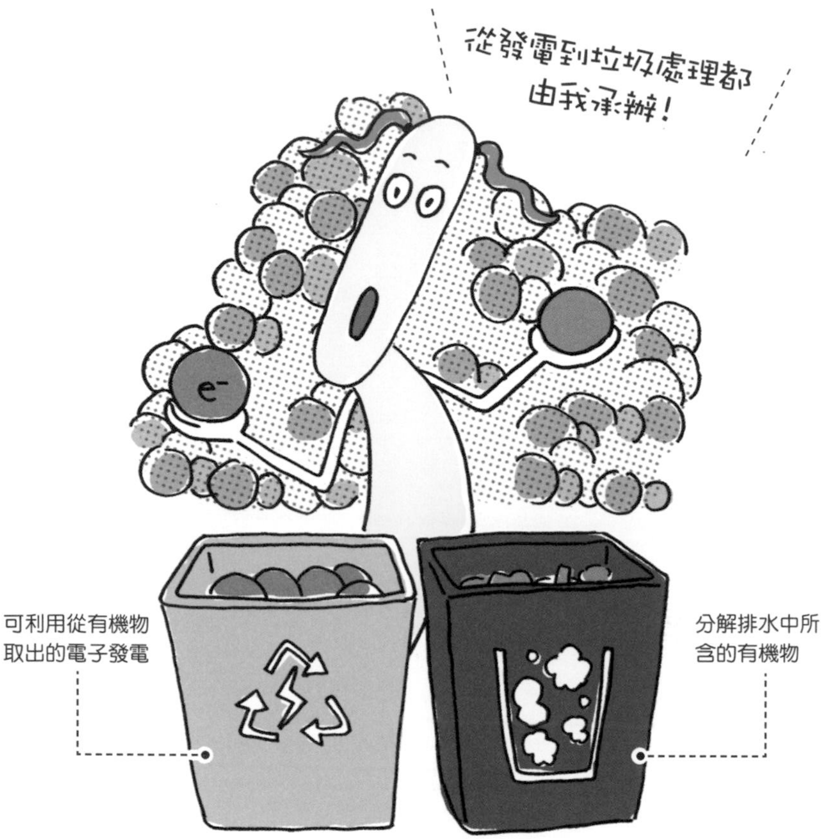

從發電到垃圾處理都由我承辦！

e^-

可利用從有機物取出的電子發電

分解排水中所含的有機物

〔根本是活電池！〕

發電菌

標準尺寸	依種類而異
發育溫度	依種類而異
主要住處	地球上各個地方。比方說，土壤中、水田、海底火山等

細菌 | 古細菌 | 真菌 | 病毒

嗜氧性 | 厭氧性

具有將有機物的電子傳遞給金屬的性質，又名電流產生菌

貢獻度 ♥♥♥♥♡

危險度 !!!!!

儘管發電量很少，但可同時進行廢水處理和資源回收

普通的水田也能成為發電廠!?

發電菌一如其名，是**能夠產生電流的微生物**總稱。許多生物都會為了獲得能量，在細胞內利用有機物的電子。但是發電菌卻沒有在細胞內利用電子，而是藉由釋放到細胞外來獲取能量。只要利用這項性質，**就能製造出又名微生物燃料電池的發電裝置**。

最單純的微生物燃料電池，是將貼上發電菌的金屬浸泡在含有有機物的液體中。發電菌所釋出的電子流經金屬時會產生電流。由於生活排水、工業排水、水田的有機物也能作為培養液使用，因此日本過去曾經進行過「水田發電」的實證實驗。

另外，由於發電時排水中的有機物會遭到分解，廢液處理的效果也受到期待。也有研究團隊在利用養豬場排水進行的發電實驗中，成功回收了用來製造肥料的磷，**因此未來可望實際開發出發電、處理廢水和確保資源一石三鳥的系統**。

微生物燃料電池的機制

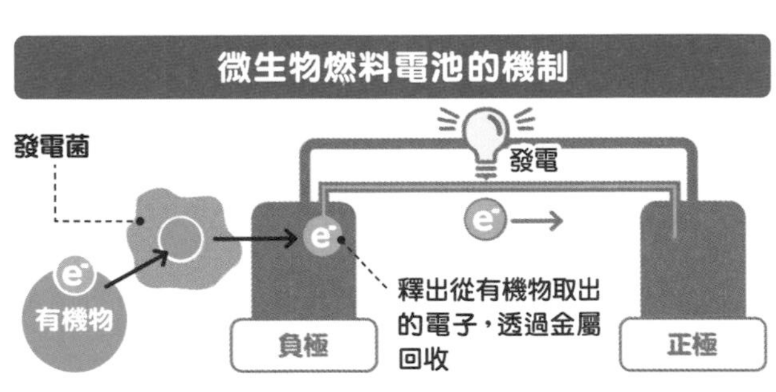

〔利用磁鐵占卜吉位的細菌〕

趨磁細菌

標準尺寸 依種類而異

發育溫度 依種類而異

主要住處 地球上所有水域的泥沙中。比方說海洋、池塘、沼澤、河川等

細菌 | 古細菌 | 真菌 | 病毒

嗜氧性 | 厭氧性

在細胞內製造奈米大小的磁鐵，當作找尋易居住環境的指針

貢獻度 ♥♥♥♥♡

危險度 ！！！！！

目前正在進行利用磁鐵，將醫藥品精確地引導至一點的研究

奈米大小的磁鐵也能運用在醫療上

趨磁細菌這種細菌會在體內製造出磁鐵礦（Magnetite）結晶，也就是**奈米大小的磁鐵**。如果使用顯微鏡，可以觀察到10～20個左右的小磁鐵在細胞內排列成直線狀。

趨磁細菌就是利用這個磁鐵感應地球的磁力。目前已知棲息在北半球的會往北（S極）、南半球的則會往南（N極）游，而有一說認為這是為了前往容易居住的地方。當趨磁細菌因為水量增加等原因，被從原本居住的水底泥沙捲上去，可以藉著以最短距離游向北極點（或南極點），最終回到泥土中。

趨磁細菌最受人期待的一點，在於醫藥品方面的應用。趨磁細菌製造出來的磁鐵非常小，而且表面被來自生物的物質所覆蓋，因此有著容易沾黏藥劑的特徵。目前人們正在研究如何利用這項特徵，**以磁鐵將醫藥品精確地引導至患部**。

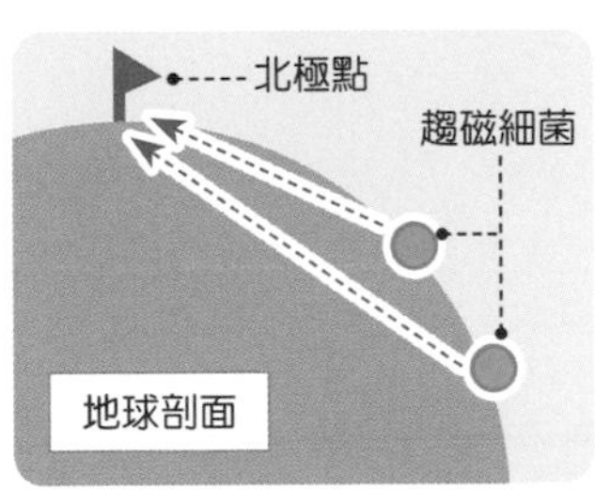

只要往極點去
就會抵達水底

紅色箭頭代表的是趨磁細菌前往北極點的行進方向。由於試圖以最短距離前進，因此最後會來到水底

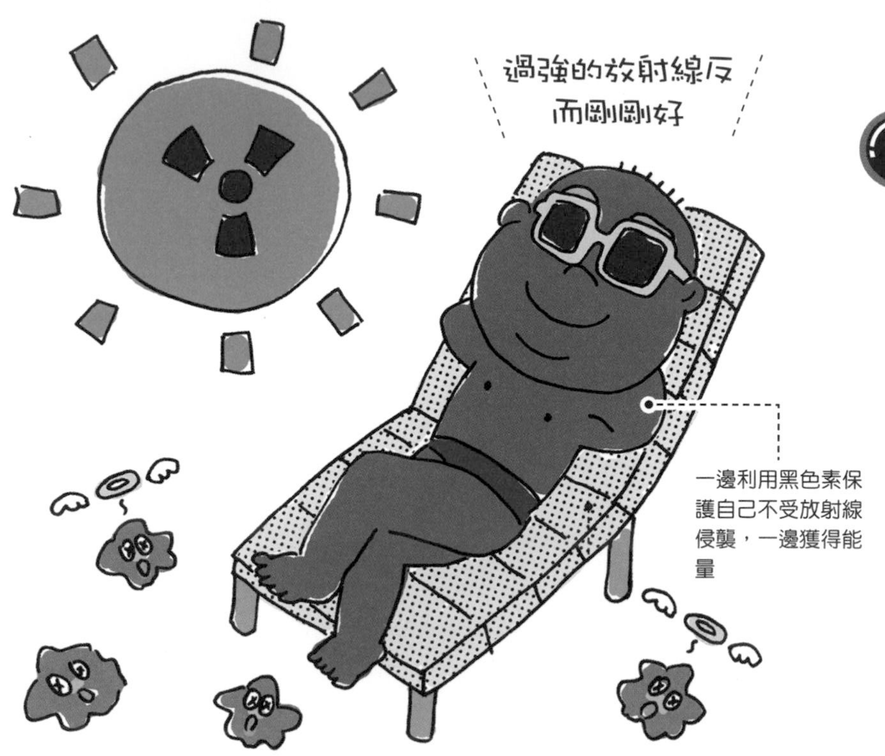
過強的放射線反
而剛剛好
一邊利用黑色素保
護自己不受放射線
侵襲，一邊獲得能
量

〔吃放射線的黴菌〕

球孢枝孢菌

標準尺寸 —

發育溫度 20～30℃左右

主要住處 除了車諾比核災遺跡外，還有植物的表面、土壤、食品等

細菌 古細菌 **真菌** 病毒

嗜氧性 厭氧性

在車諾比核災事故現場發現到的一種黑黴菌。以放射線作為能量來源

貢獻度 ♥♥♥♡♡

危險度 !!!!!

具有獨一無二的特徵，期待未來能應用在醫療開發上

誕生自核災的黴菌飛向太空

1986年，現在烏克蘭的車諾比發生了大規模的核電廠爆炸事故。而令人驚訝的是，人們在現場周邊找到了好幾種**透過放射線獲得能量的真菌**和酵母。其中的代表，是屬於一種黑黴菌的球孢枝孢菌。

球孢枝孢菌最大的特徵，是會生成引起曬黑的黑色素。對人類而言，黑色素有著保護細胞阻擋紫外線的功用，但是在車諾比發現的這些微生物，卻也會利用黑色素來獲得能量。**就好比植物利用葉綠素吸收太陽光能量一樣，球孢枝孢菌則是利用黑色素吸收放射線能量讓自己成長。**

由於研究認為有些真菌能夠在低重力環境下產生有用物質，因此**NASA（美國太空總署）也相當關注這種獨特的微生物，並且於2016年，在ISS（國際太空站）進行了培養實驗。**

日本也進行了太空中的微生物實驗

日本的研究團隊也正在進行太空中的微生物實驗。其中最具代表性的，就是「讓微生物在ISS的外牆上，在太空環境中暴露一年」。令人驚訝的是，以耐放射線的球孢枝孢菌為首，共有三種微生物存活下來

Column

基因分析技術的發達令夢想膨脹微生物研究宛如「尋寶」

像是以麴菌（P．94）和酵母（P．96）製作發酵食品、利用青黴菌（P．130）和鏈黴菌（P．132）開發醫藥品等等，人類因為遇見微生物而獲得了豐足的生活。即使到了今日，仍有許多微生物學家為了找出新種微生物，每天不停地反覆研究，然而很難用培養基進行增生培養以觀察微生物這一點，卻對研究造成了阻礙。

以往研究微生物，是採取直接觀察微生物，調查其特徵和效用的方法。可是利用這種方式，沒辦法調查無法培養的微生物，即使樣本中有未知的微生物也無法發現其存在。因此，近年來所使用的是以PCR檢測為首的基因分析技術。

所謂PCR檢測是藉由人工複製DNA，調查樣本中是否有特定的微生物。如果說這是一套從樣本內的龐大情報中，只調查特定DNA的搜尋系統，或許會更好理解吧。

舉例來說，如果想要確認樣本中是否含有微生物A，就要將唯獨微生物A才有的部分DNA當成對象進行複製。假使那個DNA被複製了，就表示樣本中含有微生物A；如果DNA未被複製，就可以知道樣本中不含微生物A。

只要應用這個方法，搜尋與製造抗生素能力相關的DNA，即可知道樣本中有沒有能夠製造出抗生素的微生物。

不僅如此，連以往的培養技術所無法發現的微生物都能察覺其存在，這一點可以說是相當大的進步。

人類至今發現到的微生物，據說只占了地球上棲息的所有微生物的1%，剩下的99%裡應該還有更多有用的微生物。未來新種微生物的發現，說不定能夠幫助人們解決社會問題，或是從中獲得龐大的利益。

沒錯，微生物的研究就有如一場發掘未知寶藏的大冒險。

用語解說

以下統整了學習微生物時不可不知的基礎用語。

【RNA】

正式名稱為核醣核酸。和DNA一樣，由醣、磷酸、核鹼基等所構成。相對於DNA是生命的設計圖，RNA則是DNA的部分拷貝，負責傳達的工作。假如把DNA比喻成一本書，那麼RNA就是從中只將所需頁面複製出來。

參考 【基因】【DNA】

【基因】

DNA內的情報中，和身體構造、性質等與生命直接相關的部分。

參考 【DNA】【RNA】

【芽胞】

部分微生物為了在嚴苛環境中保護自己，於是製造出來如堅硬外殼的構造。最具代表性的微生物有產氣莢膜芽孢梭菌（P.50）、炭疽桿菌（P.68）、納豆菌（P.92）、肉毒桿菌（P.134）等。

【菌絲】

主要常見於黴菌、蕈菇的絲狀細胞構造。

【原核生物】

讓DNA等遺傳物質顯露在細胞內的生物。包含了細菌和古細菌。

參考 【真核生物】

【光學顯微鏡】

讓照在樣本上的光穿透、反射，透過鏡片放大觀察的裝置。倍率最大可達2000倍。

參考 【電子顯微鏡】

【抗生素】

能夠抑制其他微生物發育的物質。基本上是指微生物所製造出來的物質，不過有時也包含人工合成物質在內。

參考 青黴菌（P.130）、鏈黴菌（P.132）

【呼吸】

在生物學，尤其是微生物學上，是指分解有機物以製造活動所需之能量的行為。

【常在菌】

共通存在於許多人體內的微生物中，基本上不具病原性者。

參考 第2章基礎知識（P.28）、專欄（P.40）

【真核生物】

細胞內有名為核的小器官，將DNA等遺傳物質以核膜包覆起來的生物。包含了真菌、原生生物、動物、植物。

參考 【原核生物】

【人畜共通傳染病】

人與其他動物之間互相傳染的疾病。英文是Zoonosis。最具代表性的是狂犬病（P.82）、沙門氏菌感染症（P．136）、恙蟲病（P．60）等。

【DNA】

正式名稱為去氧核醣核酸。和RNA一樣，由醣、磷酸、核鹼基等所構成。核鹼基共有四種，其排列順序會形成所謂的遺傳情報。換句話說，DNA是好比由四個文字排列組合寫成的密碼。

參考【基因】【RNA】

【電子顯微鏡】

利用電子束放大樣本進行觀察的裝置。由於最多約可放大至100萬倍，因此可觀察小到光學顯微鏡觀察不到的樣本。

參考【光學顯微鏡】

【發酵】

有機物被微生物分解後，成為含有有用物質的食品。

參考【腐敗】、第4章基礎知識（P.88）

【大流行病】

同一種傳染病在全世界造成損害的流行狀態。定義並不明確，需透過感染人數、重症程度、發生區域的規模等，進行綜合性的判斷。

【PCR法、PCR檢測】

以人工方式只讓特定DNA擴大，藉此判斷樣本中是否含有該DNA的技術。

參考 第7章專欄（P.154）

【中性菌】

對人體不好也不壞的菌的總稱。像是身體虛弱時等等，有時也會引發疾病。

參考 第3章基礎知識（P.57）

【腐敗】

有機物被微生物分解，產生有害物質、惡臭等等。

參考【發酵】、第4章基礎知識（P.88）

【菌叢】

Flora這個字原本是指棲息於特定地區的複數種植物。如果用在微生物上，就是意指複數種微生物群聚。

參考 第2章基礎知識（P.28）

【鞭毛】

細胞所具備的毛狀小器官，會產生移動時的推進力。就好比船的螺旋槳一樣。

【疫苗】

為了預防傳染病而投予的，經過弱化或無毒化的病原體。像是在進行免疫系統的預備練習。

索引

依照筆劃的順序，統整出本書中出現過的代表性微生物名、病症名、人名、專有名詞等。

監修者簡歷

鈴木智順

東京理科大學理工學系教授。專長是以系統微生物學、微生物生態學、環境微生物等為基礎的應用微生物學和環境農業學。目前正針對存在於環境中的微生物的種類及其活動，進行基因分析、培養實驗等研究，同時也正在研究光觸媒的殺菌作用。主要著作為《細菌圖鑑（技術評論社）》、《理工系的基礎生命科學入門（共著，丸善出版）》等。（以上書名皆為暫譯）

知道了更有趣的微生物圖鑑

2021年8月1日初版第一刷發行
2024年3月1日初版第二刷發行

監　　修　鈴木智順
譯　　者　曹茹蘋
編　　輯　吳元晴
發 行 人　若森稔雄
發 行 所　台灣東販股份有限公司
＜地址＞台北市南京東路4段130號2F-1
＜電話＞(02)2577-8878
＜傳真＞(02)2577-8896
＜網址＞http://www.tohan.com.tw
郵撥帳號　1405049-4
法律顧問　蕭雄淋律師
總 經 銷　聯合發行股份有限公司
＜電話＞(02)2917-8022

國家圖書館出版品預行編目(CIP)資料

知道了更有趣的微生物圖鑑/鈴木智順監修；曹茹蘋譯. -- 初版. -- 臺北市：臺灣東販股份有限公司, 2021.08
160面；14.4×20.8公分
譯自：世界一やさしい！微生物図鑑
ISBN 978-626-304-732-7(平裝)

1.微生物學 2.通俗作品

369　　110009998